Marie Virginie Léocadie Kangmo

Attitudes et comportements

Marie Virginie Léocadie Kangmo

Attitudes et comportements

Attitudes et comportements des étudiants de l'ULB à l'égard de la problématique de la consommation d'énergie

Presses Académiques Francophones

Impressum / Mentions légales

Bibliografische Information der Deutschen Nationalbibliothek: Die Deutsche Nationalbibliothek verzeichnet diese Publikation in der Deutschen Nationalbibliografie; detaillierte bibliografische Daten sind im Internet über http://dnb.d-nb.de abrufbar.

Alle in diesem Buch genannten Marken und Produktnamen unterliegen warenzeichen-, marken- oder patentrechtlichem Schutz bzw. sind Warenzeichen oder eingetragene Warenzeichen der jeweiligen Inhaber. Die Wiedergabe von Marken, Produktnamen, Gebrauchsnamen, Handelsnamen, Warenbezeichnungen u.s.w. in diesem Werk berechtigt auch ohne besondere Kennzeichnung nicht zu der Annahme, dass solche Namen im Sinne der Warenzeichen- und Markenschutzgesetzgebung als frei zu betrachten wären und daher von jedermann benutzt werden dürften.

Information bibliographique publiée par la Deutsche Nationalbibliothek: La Deutsche Nationalbibliothek inscrit cette publication à la Deutsche Nationalbibliografie; des données bibliographiques détaillées sont disponibles sur internet à l'adresse http://dnb.d-nb.de.

Toutes marques et noms de produits mentionnés dans ce livre demeurent sous la protection des marques, des marques déposées et des brevets, et sont des marques ou des marques déposées de leurs détenteurs respectifs. L'utilisation des marques, noms de produits, noms communs, noms commerciaux, descriptions de produits, etc, même sans qu'ils soient mentionnés de façon particulière dans ce livre ne signifie en aucune façon que ces noms peuvent être utilisés sans restriction à l'égard de la législation pour la protection des marques et des marques déposées et pourraient donc être utilisés par quiconque.

Coverbild / Photo de couverture: www.ingimage.com

Verlag / Editeur:
Presses Académiques Francophones
ist ein Imprint der / est une marque déposée de
OmniScriptum GmbH & Co. KG
Heinrich-Böcking-Str. 6-8, 66121 Saarbrücken, Deutschland / Allemagne
Email: info@presses-academiques.com

Herstellung: siehe letzte Seite /
Impression: voir la dernière page
ISBN: 978-3-8416-2758-2

ATTITUDES DES ETUDIANTS DE L'ULB A L'EGARD DE LA
PROBLEMATIQUE DE LA CONSOMMATION D'ENERGIE ET LEURS
COMPORTEMENTS PRO ENVIRONNEMENTAUX

Kangmo Marie Virginie Léocadie

REMERCIEMENTS

Au terme de ce travail, je tiens avant tout à remercier mon directeur de thèse, Sabine Pohl, pour m'avoir donné l'inspiration et les pistes fondamentales pour la réalisation de ce travail, son suivi, sa disponibilité et sa patience.

Nous remercions vivement MM Edwin Zaccaï, Marc Degrez, Grégoire Wallenborn et Martine Bintner pour avoir accepté d'apporter leurs contributions et de juger ce chef d'oeuvre en faisant partie du jury.

Nous tenons à remercier tous nos professeurs pour la formation intellectuelle et scientifique qu'ils nous ont donnée et tous ceux qui de près ou de loin ont contribué à la réalisation de ce MFE.

Nous tenons aussi à exprimer notre profonde gratitude aux familles Fonkeu jean Pierre et Gado Abdel pour leurs aides et soutiens inestimables tout au long de cette formation et de mon séjour en Belgique.

Merci à Tom Bauler pour son dévouement et ses conseils.

Qu'il me soit permis de remercier également Martine De Nardo et Murielle Grynberg, secrétaires de l'IGEAT pour leur sympathie et leur disponibilité.

Enfin, merci à mon époux Pierre Hilaire Ngameni, à ma modeste famille et à tous ceux qui pendant mon absence s'occupent d'eux. Qu'ils considèrent l'aboutissement de cette oeuvre comme le fruit de leur patience.

SIGLE ET ABREVIATIONS

AEE	Agence Européenne de l'Energie
AIE	Agence Internationale de l'Energie
BFP	Bureau fédéral du plan
BM	Banque Mondiale
CIB	Consommation Intérieure Brute »
CME	Conseil Mondial de l'Energie
CO_2	dioxyde de carbone
D.O.E	Department of Energy for The United States
EDF	Electricité De France (
EIA	Energy, Information, Administration
EUROSTAT	Office statistique des Communautés européennes
FAO	Food and Agriculture Organization of the United Nations
GES	gaz à effets de serre
GIEC	Groupe d'experts inter gouvernemental sur l'évolution du climat
GIGATEP	Milliards de tonnes équivalent pétrole
GWh	Gigawattheures ou millions de kWh
IBGE	Institut Bruxellois pour la Gestion de l'Environnement
ICEDD	Institut de Conseil et d'Etudes en Développement Durable
IDD	Institut pour un Développement durable
IGEAT	Institut de Gestion de l'Environnement et de l'Aménagement du Territoire
Ktep	millier de tonne d'équivalent pétrole
MW	Mégawatt
NO_X	oxyde d'azote
OCDE	Organisation de Coopération et de Développement Economiques
OGM	organismes génétiquement modifiés
SO_2	dioxydes de soufre
Tep	Tonne d'équivalent pétrole
UE	Union Européenne

ULB	Université Libre de Bruxelles
USA	Etats-Unis d'Amérique
WETO	World Energy, Technology and Climate Policy Outlook
WWEA	World Wind Energy Association (
WWF	World wide fund of nature

LISTE DES TABLEAUX ET FIGURES

RESUME

Ce travail traite de l'attitude de deux groupes d'étudiants de l'ULB à l'égard de la problématique de la consommation d'énergie et leurs comportements pro environnementaux comme une contribution à la recherche des voies pour la réduction de l'utilisation de l'énergie dans une perspective de décroissance soutenue.

Pour cela, un questionnaire a été élaboré et distribué à 53 étudiants de l'IGEAT de même que 55 de ceux de toutes les autres facultés confondues.

Les résultats montrent que les deux groupes d'étudiants ont des choix comparables au regard des secteurs énergivores. Ils pensent tous que le pouvoir public informe peu et mène des actions peu concrètes en matière de la consommation d'énergie.

Les étudiants de l'IGEAT pensent plus que la consommation d'énergie est élevée que leurs collègues des autres facultés. Ils acceptent plus que les autres qu'à Bruxelles il y a gaspillage d'énergie

Tous les étudiants militent en faveur d'une limitation d'énergie plus pour des raisons écologiques que pour des raisons économiques mais, ceux de l'IGEAT militent significativement plus que les autres pour ces mêmes raisons.

Il apparaît que ceux de l'IGEAT sont plus attristés et choqués à la fois, vis-à-vis du gaspillage d'énergie, ils savent et peuvent intenter une action pour remédier à la situation chaque fois que c'est nécessaire. Contrairement aux attentes, leurs homologues des autres facultés ne se sentent pas significativement moins conscients qu'il est impératif d'agir maintenant et collectivement. L'attitude qu'ils ont vis-à-vis de la consommation d'énergie induit les comportements pro environnementaux.

Mots clés : Attitudes, étudiants de l'ULB, énergie, environnement, réchauffement climatique, comportements pro environnementaux.

INTRODUCTION

L'énergie occupe une place prépondérante dans nos économies. C'est un facteur de production dans l'industrie mais également un élément clé de notre vie de tous les jours puisqu'elle permet de satisfaire nos nombreux besoins entre autres, le chauffage, la climatisation et la mobilité, bureau fédéral du plan (BFP, 2008).

Cette énergie fait l'objet de toutes les attentions et de nombreux défis liés à l'évolution de sa consommation, à l'épuisement de ses sources fossiles, et les conséquences néfastes de certaines sources alternatives sur l'environnement. Ces défis devront être relevés dans les décennies à venir à l'instar de la lutte contre le changement climatique et la pollution, et tout cela selon la logique du développement durable ou de la décroissance soutenue.

Pour relever ces défis, la révolution au sens authentique du terme est indispensable : la révolution des consciences, la révolution de l'économie, la révolution de l'action politique. Il est dès lors nécessaire que les différents acteurs prennent conscience du danger et du risque de la croissance de la consommation de l'énergie afin de trouver chacun en ce qui le concerne des solutions appropriées. Or ces acteurs c'est vous et nous donc tout le monde : les enseignants, les étudiants, les ménages, les politiques…, mais une seule catégorie nous intéressera tout au long de notre recherche, laquelle porte sur les attitudes et comportements des étudiants envers la consommation d'énergie.

La consommation mondiale d'énergie primaire devrait s'établir en 2005 à près de 11 milliards de tonnes d'équivalent pétrole (tep) (Aymeri, 2006). Environ 80% proviennent des énergies fossiles (pétrole, gaz et charbon). Par ailleurs, les informations fournies par l'Organisation de Coopération et de Développement Economiques (OCDE), la Banque Mondiale (BM) et l'Agence Internationale de l'Energie (AIE) font état d'une étroite relation entre croissance économique, croissance démographique et croissance de la demande énergétique.

Selon l'EIA (2008), la demande mondiale d'énergie est très inégalement répartie (dans les régions et dans les différents secteurs) et devrait augmenter d'environ 55 % entre 2005 et 2030, ce qui équivaut un taux moyen annuel de 1,8 %. Pis, les perspectives à l'horizon 2050 sont incertaines et, si rien n'est fait, on risque de voir la consommation d'énergie doubler, entraînant la part des combustibles fossiles à la hausse et l'explosion des émissions de CO_2 à 45 milliards de tonnes comme rapporte Busquin *in* le World Energy, Technology and Climate Policy Outlook (WETO, 2003).

Face à cette situation beaucoup d'actions ont été entreprises à tous les niveaux. La communauté internationale, quant à elle, s'est davantage mobilisée. De Rio, à Kyoto et à Johannesburg, elle s'est en outre dotée d'instruments, de conventions, d'institutions préconisant des actions dans l'immédiat, à court ou à long terme Ce sont des actions basées sur les modes de vie, les technologies nouvelles, les énergies renouvelables et la recherche - développement. Il en est de même au niveau des continents, pays, régions, villes, communes et villages.

Malgré tout cela, et malgré le fait que les prix des énergies augmentent, la consommation d'énergie continue de croître. Le cas de Bruxelles en est un exemple. En effet, en parcourant le tableau de bord de l'Institut Bruxellois pour la Gestion de l'Environnement IBGE (2007), nous avons constaté que la consommation de l'énergie augmente d'une manière fulgurante dans les différents secteurs depuis 1990, que la dépendance énergétique de la région est extrême, que le gaz naturel y est plus largement utilisé et distribué, et que la consommation d'électricité a augmenté de 40 % depuis 1990.

Tous ces constats aiguisent notre inquiétude à l'égard de la consommation d'énergie, du devenir de Bruxelles et de notre chère planète, et nous amènent à poser certaines questions :

pourquoi la consommation d'énergie ne cesse d'augmenter malgré l'arsenal de politiques mises en place ?

les changements dans le mode de vie et dans le type de comportement ne seraient ils pas susceptibles de contribuer à l'atténuation de la consommation énergétique dans l'ensemble des secteurs ?

Comme les étudiants de l'ULB sont supposés être dans une large mesure des intellectuels issus de diverses origines, de différentes classes sociales, et puisque parmi eux on trouve non seulement des personnes des âges différents mais aussi de cultures différentes, leurs visions et leurs comportements vis-à-vis de la question pourraient en être des réponses.

Partant de tout ce qui précède, l'objectif poursuivi à travers notre travail est d'appréhender les attitudes de ces étudiants à l'égard de la problématique de la consommation d'énergie et leurs comportements pro environnementaux.

Pour ce faire, la méthodologie adoptée repose sur une analyse et une comparaison des résultats d'enquêtes sur deux groupes d'étudiants au sein de l'ULB : ceux de l'Institut de Gestion de l'Environnement et de l'Aménagement du Territoire (IGEAT), imprégnés des cours de gestion environnementale et de ceux des autres facultés. Ces enquêtes portent sur la perception qu'ils se font de la consommation de l'énergie et comment est-ce qu'ils se comportent vis-à-vis d'elle (consommation d'énergie).

Le plan de notre étude comporte, outre l'introduction et la conclusion, quatre chapitres.

Le premier porte sur les attitudes et les comportements pro environnementaux. Il se concentre plus sur les généralités, sur l'attitude et le comportement.

Le second explique le rapport entre énergie et environnement.

Quant au troisième, il évoque en détail la problématique, l'objectif et la méthodologie poursuivis par notre étude.

Les résultats de nos enquêtes et leur analyse constituent le chapitre quatre. Il porte sur la perception en milieu estudiantin de la consommation énergétique en général, leur comportement et attitude.

Chapitre 1 : ATTITUDES ET COMPORTEMENTS PRO ENVIRONNEMENTAUX

« Lorsque nous nuisons à la nature, nous nuisons à nous-mêmes » (Bernstein A. 2008)

1.1. Généralités sur le concept d'attitude et de comportement
1.1.1. Le concept d'attitude

Le concept d'attitude relève une tendance relativement stable à répondre à quelqu'un ou à quelque chose de manière qu'elle reflète une évaluation positive ou négative de cette personne ou chose. C'est également des tendances à évaluer une entité avec un certain degré de faveur ou de défaveur exprimées habituellement dans les réponses cognitives, affectives et comportementales (Eagly et Chaiken, 1993).

On entend par entité un objet de l'attitude qui peut être un individu, un objet inanimé des concepts, des groupes sociaux, des nations, des politiques sociales des comportements, bref tout ce à quoi on peut réagir favorablement ou défavorablement. Ainsi, l'attitude de quelqu'un envers une entité peut se comprendre à travers son comportement vis-à-vis de celle-ci. En définitive, les réponses comportementales font partie des manières par lesquelles l'individu peut exprimer son évaluation.

Chaque individu se reporte à un système de référence capable de lui fournir la réponse la plus appropriée et, ainsi d'adopter une position ; il se croit à même de prendre des attitudes et de soutenir des opinions.

1.1.2. Les composantes de l'attitude

L'attitude est une construction hypothétique qui suppose que nous ne pouvons pas l'observer directement, nous l'inférons des réponses évaluatives. Ces réponses peuvent être verbales ou non ; cognitives, affectives ou comportementales (Ajzen et Madden, 1986).

Pour qu'une attitude ait une certaine signification stable, il devrait avoir une liaison entre ces trois composantes (cognitives, affectives et comportementales). C'est de cette structure que naît l'idée selon laquelle les attitudes et comportements sont corrélés. Mais, il existe souvent des contradictions à ce propos, contradictions que l'on peut réduire par un changement de comportement.

L'attitude est une disposition interne à réagir dans un sens donné quelle que soit la situation, une orientation générale de la manière d'être d'un individu. Elle s'exprime plus ou moins à travers les paroles, le ton, les gestes, les choix ou en général leur absence. Elle se mesure bien évidemment. Deux attitudes occupent une place importante quant à la capacité d'action et de réalisation de l'individu :

L'attitude envers soi-même ou estime de soi (confiance en soi et force de soi),

Le niveau d'aspiration ou la représentation de soi dans l'avenir (but que l'individu se propose d'atteindre).

1.1.3. L'attitude à l'égard de l'environnement

Elle peut être définie comme l'ensemble des croyances, des émotions et des intentions comportementales qu'une personne détient à l'égard de son environnement (Pohl 2007).

Il convient cependant de noter qu'un plus doit être ajouté à une attitude pro environnementale. C'est pourquoi, on pense qu'elle serait associée à d'autres variables telles que l'intérêt pour soi, l'intérêt pour les autres et l'intérêt pour la biosphère.

1.2. Comportement

Le comportement est l'action objectivement observable d'un individu. Il est l'aboutissement d'une intention comportementale qui est déterminée par plusieurs facteurs. Selon le modèle de l'action raisonnée de Fishbein et Ajzen (1975), l'intention comportementale est déterminée par deux variables :

L'attitude (croyance comportementale et évaluation des conséquences) et

La norme subjective (croyance normative et la motivation à se soumettre).

Plus tard, Fishbein et Ajzen (1991) ajoutent une troisième variable, la notion du contrôle perçu (perception de la facilité ou de la difficulté de réaliser le comportement) qui caractérise le modèle du comportement planifié. Lorsque le contrôle approche son maximum, le modèle de comportement planifié correspond au modèle de l'action raisonnée, Pohl (2007).

Aussi selon Yzerbyt et Corneille (2006), trois facteurs influencent le comportement :

- la norme (est ce bien vu?)
- l'attitude (suis-je disposé à?)
- le contrôle (en ai-je la compétence, me laissera-t-on faire?)

Le comportement est une notion importante en gestion de l'environnement car ayant un effet direct sur l'environnement. Si les comportements humains sont responsables de nombre de dérèglements (nuisances, pollutions et autres), alors, la connaissance des facteurs qui les causent et leur modification peuvent apporter une solution durable aux problèmes posés.

De même, les gens qui font usage de l'information qui leur est accessible se forgent un certain nombre de croyances ou d'attentes par rapport à un comportement qu'ils envisagent alors positivement ou négativement. Sur cette base, ils développent l'intention d'adopter ou au contraire de rejeter le comportement en question. Et si l'on cherchait à les modifier, il importerait de connaître les facteurs qui les causent. Ces facteurs peuvent être soit personnels, soit sociaux. Ainsi, un contexte favorable peut induire le comportement recherché. Inversement, même si les attitudes sont favorables, un contexte trop défavorable peut inhiber le comportement.

En général, selon le modèle de l'action raisonnée, il n'existerait pas d'attitude d'indifférence ou de neutralité car ne débouchant sur aucune intention particulière à l'égard d'un comportement précis.

1.3. Relation entre attitude et comportement

Attitude et comportement sont intimement liés. Selon cette idée, il suffirait de changer l'attitude d'un individu pour modifier son comportement. Cette idée a été remise en cause par de nombreuses études sur l'attitude et le comportement. En effet, comme nous l'avons dit plus haut, le comportement est déterminé par deux variables (l'attitude et la norme subjective). Dès lors, il serait difficile d'évaluer le degré de la relation entre attitude et comportement.

Une personne animée d'une attitude pro environnementale est plus susceptible d'avoir un comportement pro environnemental. Et pourtant les attitudes ne se conforment pas toujours au comportement attendu. Par exemple, une attitude favorable à l'économie d'énergie ne garantit pas que l'on arrête chaque fois le chauffage quand on ouvre les fenêtres, ou que l'on baisse son chauffage de quelques degrés quand on quitte la maison, ou que l'on ne laisse pas couler de l'eau continuellement quand on se lave ou quand on se brosse les dents…

Les investigations de Viklund (2004), sur la population suédoise à propos de leur attitude envers les politiques énergétiques et la perception des risques relevant de la consommation d'énergie montrent une faible cohérence entre attitude et comportement. Autrement dit, les Suédois malgré la perception des risques ne modèlent pas toujours leur comportement en faveur d'une économie d'énergie. Il y aurait donc sûrement un autre facteur que l'on ignore qui détermine le comportement.

L'étude de Satoshi (2007) suggère que l'éducation de la population à propos des préoccupations environnementales et de l'économie permet dans une large mesure de promouvoir des comportements pro environnementaux.

Selon Moser (2006), plusieurs techniques peuvent être utilisées pour accroître la conscience environnementale et faire adopter les comportements de préservation de l'environnement : ce sont la pédagogie environnementale et la communication incitative. Mais il a été démontré que l'éducation scolaire n'influence pas les attitudes vis-à-vis de l'environnement. C'est dans le même ordre d'idée que Foguenne (2006) lors de son séminaire sur la consommation d'énergie au niveau planétaire déclare : « les élèves ont bien compris que le monde doit changer et devenir toujours plus sobre. Ils sont toujours d'accord quand on parle des autres sauf quand ils doivent faire des efforts. »

Les messages incitatifs ou dissuasifs ne sont efficaces que si le nouveau comportement ne génère pas de dépenses supplémentaires ni ne touche les domaines essentiels aux yeux de l'individu.

Ainsi, face à une identification d'un problème, l'individu peut adopter plusieurs comportements :

- ignorer (réaction passive),
- éviter autant que possible, ou
- s'engager dans un comportement individuel pro environnemental (réaction active).

Il est courant d'observer qu'un contexte favorable peut induire le comportement recherché ; inversement, même si les attitudes sont favorables, un contexte trop défavorable peut inhiber le comportement.

Chapitre 2 : ENERGIES ET ENVIRONNEMENT

2.1. Définitions

Dans le sens commun, l'énergie désigne tout ce qui permet d'effectuer un travail, de fabriquer de la chaleur, de la lumière, de produire un mouvement. Elle est définie globalement comme étant à la base de toutes nos activités. Nous l'utilisons pour nous chauffer, cuire des repas, faire fonctionner les appareils électroménagers et les machines dans les industries… Notre façon de l'utiliser suscite des inquiétudes tant du point de vue de l'épuisement que de la gestion. Degrez (2007) définit l'énergie par rapport aux différents types existants et de la manière suivante :

2.1.1. L'énergie primaire

L'énergie primaire constitue toute source d'énergie extraite du sol (charbon minéral, pétrole brut, gaz naturel), de l'exploitation de la biomasse (bois de feu, déchets agricoles), ou issue d'une centrale hydraulique, nucléaire, géothermique ou éolienne.

2.1.2. L'énergie secondaire

L'énergie secondaire est toute source d'énergie résultant de la conversion sous une forme utilisable d'une source primaire ; par exemple la coque de houille, les produits pétroliers ou l'électricité thermique dite conventionnelle.

2.1.3. L'énergie finale

On désigne par énergie finale, toute source primaire ou secondaire, après transport, distribution et éventuellement stockage, avant dégradation définitive dans un appareil de chauffage, éclairage ou force motrice.

2.1.4. L'énergie utile

C'est une source qui satisfait un service énergétique tel que le confort thermique ou le déplacement d'un consommateur; sa mesure est le produit de la source finale par le rendement de l'appareil utilisateur. C'est surtout cette dernière source qui nous intéresse, parce qu'elle est obtenue en déduisant des consommations finales les pertes d'énergie subies au cours des transformations ultérieures réalisées dans les équipements de consommateurs finaux.

Un bilan en énergie utile est plus complexe à dresser puisqu'il nécessite la connaissance du parc des équipements dont disposent les consommateurs d'énergie, de leurs caractéristiques énergétiques et de leurs rendements moyens de transformation (Degrez, 2007).

L'IBGE (2006) définit le **bilan énergétique** global comme le reflet de la « situation » énergétique d'un pays ou d'une région. Il reprend dans un tableau synthétique, les productions primaires d'énergie, les récupérations, les transformations, les pertes de distribution, ainsi que la consommation finale d'énergie des différents secteurs (industrie, transport, domestique…). Il permet de déterminer la « Consommation Intérieure Brute » (CIB) d'énergie du pays ou de la région. Celle-ci, comparée à la consommation finale d'énergie, révèle les capacités de production ou de récupération, de transformation d'énergie, et donc la dépendance énergétique du pays ou de la région.

2.2. Evolution des ressources énergétiques

Au début des années 1950, la crainte suscitée aux Etats-Unis d'Amérique (USA) d'une possible pénurie pétrolière mondiale et l'espoir mis dans le développement de l'énergie nucléaire, a fortement stimulé les explorations à très long terme (30 à 50 ans).

Par la suite, ce fut le tour des incertitudes provoquées par les chocs pétroliers de 1973 et 1979, la prise de conscience d'un risque de changement climatique dû à l'effet de serre à partir des années 1980 et la multiplication des organismes internationaux dédiés aux questions énergétiques mondiales et à l'horizon de trois à cinq décennies.

Cette crainte a incité les pays gros consommateurs des hydrocarbures à mettre des moyens en jeu pour développer des alternatives. Ces alternatives sont en grande partie des énergies renouvelables (la biomasse, l'éolien, l'énergie solaire...). Mais, les connaissances actuelles font état d'une nécessité d'approfondissement des recherches en la matière.

De manière générale, les études prévoient une augmentation de la quantité d'énergie à utiliser dans les décennies à venir. Une large part des consommations concernera les énergies fossiles par rapport aux énergies renouvelables. Aussi, les pays émergeants verront-ils leur demande augmenter plus vite que celle des pays développés, (EIA, 2008).

2.2.1. Les prévisions futures

Toute exploration du futur repose sur de fortes constantes de temps, des comportements démographiques, des infrastructures mises en place (logements, parc auto...), des équipements de production, distribution et utilisation des sources d'énergie. Mais, plus s'éloigne l'horizon temporel visé, plus s'affaiblissent les inerties car même les éléments les plus stables du système technique, économique et social finissent par changer. Avec l'idée de possible rupture surtout technologique, les marges de liberté augmentent, l'incertitude aussi. Ce qui fait qu'on ne peut plus utiliser les mêmes méthodes pour estimer l'évolution dans un futur proche et dans un futur lointain. C'est bien ce que soutient Degrez (2007) quand il déclare :

« On peut donc recourir à la prévision, assortie d'un degré de confiance de l'évolution future d'une grandeur obtenue le plus souvent par extrapolation de son évolution

19

passée. Au-delà, la méthode perd sa pertinence parce que le nombre de trajectoires possibles s'accroît. On est donc limité à une représentation qualitative de plusieurs images du futur construites sur un jeu cohérent d'hypothèses que l'on complètera de trajectoires quantifiées, si les données disponibles le permettent. »

2.2.2. L'offre et la demande en énergie

Pour répondre à la demande en énergie de tous les habitants de la planète, l'offre d'énergie doit doubler d'ici 2050, Conseil Mondial de l'Energie (CME, 2007). Pour cela, les systèmes énergétiques futurs doivent satisfaire trois critères, comparés aux trois (A):

- Accessibility (accessibilité); apporter des services énergétiques modernes à la portée de tous
- Availability (disponibilité) ; correspondre à une offre fiable et sûre et
- Acceptability (acceptabilité) ; respecter les objectifs sociaux et environnementaux de la collectivité.

Les exercices de prospection supposent que la demande et l'offre d'énergie au cours des prochaines années évolueront selon des trajectoires commandées par des paramètres dits exogènes parce que reflétant le développement économique et social, la disponibilité des ressources énergétiques, les impacts sur l'environnement, les progrès de la science et de la technologie et les incidences de certaines politiques publiques. L'intégration des effets de ces paramètres sur le système énergétique et l'identification des trajectoires qui pourraient en résulter sont obtenues à l'aide des modèles énergétiques qui traitent les uns de la demande et les autres de l'offre.

Le modèle le plus utilisé permet de simuler finement les effets sur l'évolution de la demande d'énergie des changements de structures économiques, de comportements d'usagers et de techniques de conversion des sources d'énergie.

L'offre et la demande en énergie jouent de plus en plus un rôle vital dans la sécurité et l'économie de nombreux pays. Il n'est donc pas surprenant que certains pays dépensent des sommes importantes annuellement pour l'énergie. Nous citons en exemple les USA qui dépensent 500 Milliards de dollars, comme le souligne The United State Department of energy (D.O.E).

Les projections de l'EIA en 2008 révèlent que la demande en électricité va croître de 2004 à 2030. La production globale d'électricité augmente de 2,4 % par an; par conséquent, de 16,424 en 2004, on estime qu'elle sera de 30,364 milliards kwh en 2030.

En outre, une étude comparative montre que la plupart des projections de la demande en électricité s'est produite dans les pays hors OCDE; et bien que ces pays aient consommé 26% moins d'électricité que les pays de L'OCDE en 2004, leur production se projette dépasser celle des pays de l'OCDE de 30% en 2030. Cela signifie que leur demande en électricité est supposée tripler par rapport à celle des pays de l'OCDE de 2004 à 2030. Ceci s'explique par la relative maturité en infrastructure électrique des pays de l'OCDE et la relative stabilité de la population pendant les 25 années à venir. Or dans les pays hors OCDE, c'est la croissance économique suivie, de l'élévation du niveau de vie qui en sont les causes.

Selon les statistiques de l'AIE en 2007, la consommation mondiale de l'énergie devrait augmenter d'environ 52% d'ici 2030. Les deux tiers de cette augmentation émaneraient des pays émergents et/ou en développement. En même temps, les énergies fossiles devraient représenter 81% de l'énergie consommée. Par ailleurs, pour satisfaire cette nouvelle demande, il est impératif d'investir environ 17000 milliards dollars américains dont la moitié dans les pays en développement et 3000 milliards pour les seuls secteurs gazier et pétrolier.

L'AIE (2007) rapporte que la croissance la plus rapide en demande en électricité se fera dans le secteur des bâtiments (résidences et commerces). Sa demande croît en moyenne de 2,6% par an comparée à 2,2 % dans les secteurs des industries et du transport. En effet, pour une croissance économique fiable, le plus fort taux s'observera dans le secteur commercial à cause des échanges des biens et services principalement entre les pays non OCDE.

2.3. Les besoins en énergie

La consommation en énergie de nos jours est estimée à 10 GiGa tep et, selon les prévisions, elle serait de 27 GiGa tep en 2050. La majeure partie sera utilisée dans les pays du Sud qui en ont besoin pour développer leurs industries et soutenir de nouveaux modes de communication Degrez (2007).

L'AIE a recensé et quantifié notre approvisionnement en énergie primaire. Il apparaît que notre consommation énergétique est largement tributaire des hydrocarbures. Le tableau 1 ci-dessous nous donne la répartition de l'énergie par vecteur.

Tableau 1: Les différents vecteurs d'énergie primaire

Vecteur énergétique	pourcentage
Charbon	22
Pétrole	35
Gaz	20
Hydro et ERN	7
Nucléaire	6
Bois	10

Source : AIE, 2007

Il est trivial que la consommation énergétique augmente avec la croissance démographique et/ou l'enrichissement mais, elle est modérée par l'évolution des structures économiques et du progrès technique.

La consommation d'énergie évolue selon deux tendances :

- ralentissement de la consommation primaire à l'échelle mondiale
- la répartition inégale sur le plan géographique qui va modifier les flux énergétiques.

Selon l'IBGE, les consommations finales régionales par secteur se répartissent entre le logement (41%), le secteur tertiaire (31%), le transport (24%) et l'industrie (4%).

Eurostat (2006) repartit les consommations finales en Belgique entre le logement (24%), l'industrie (29%), le transport (24%) et 13% pour les autres. Les services et l'habitat à Bruxelles représentent plus des 2/3 de la consommation d'énergie régionale ce qui la distingue fortement du reste de la moyenne belge. Presque le tiers est consacré à l'industrie.

(A Comparer la production et la consommation d'énergie en Belgique si possible)

2.3.1. Electricité et sources d'énergie

Les sources d'énergie primaire se développent de plus en plus pour répondre à l'offre de l'électricité dans le monde. Outre les énergies fossiles, d'autres sources subissent un développement grandiose actuellement.

Les recherches du Commissariat à l'Energie Atomique supervisées par Ngô (2007) montrent que la consommation totale d'énergie dans le monde est actuellement de l'ordre de 8 milliards de tep (8Gtep). Les combustibles fossiles (pétrole, charbon, gaz) couvrent plus de 85% des besoins en énergie primaire, le nucléaire 6% et les énergies renouvelables, essentiellement l'hydraulique, 7%.

Ces différentes sources d'énergie fournissent des parts inégales dans la production de l'électricité, le pétrole (10 %), le gaz (15 %), le charbon (30 %), le nucléaire (17 %), l'hydraulique (19 %) et autres 9%.

En ce qui concerne l'UE, elle a décidé de produire 20% de son électricité en énergie renouvelable, propre et sûre d'ici 2020. Par ailleurs la capacité de production électrique éolienne déployée en Europe a augmenté de 154% entre 2000 et 2006 (Eurostat 2006). Selon le groupe EDF (électricité de France) l'éolien est actuellement la filière énergétique la plus dynamique dans le monde et plus particulièrement dans l'Union européenne où la production augmente d'environ 28,9 % par an (la production d'électricité d'origine renouvelable dans le monde Jean Louis & Beatriz (2006).

Sur la base de développement des aérogénérateurs, le World Wind Energy Association (WWEA, 2007) chiffre ses prédictions à 170 000 MW en fin 2010.

Tableau 2: Les principaux producteurs de l'énergie éolienne dans l'UE en 2007.

Rang	Pays	Production (MW)
1	Allemagne	22 247
2	Espagne	15 145
3	Danemark	3 125
4	Italie	2 726
5	Royaume Uni	2 389
6	France	2 454

Source : Eurostat, 2006

Aujourd'hui, l'IBGE estime que les énergies renouvelables représentent 13,5% de la consommation totale d'énergie comptabilisée dans le monde et 18% de la production mondiale d'électricité. La biomasse et les déchets assurent l'essentiel de cette production (10,6%°). En choisissant les énergies renouvelables, inépuisables et directement disponibles, il est possible de réduire notre dépendance énergétique (car

99% de l'énergie consommée à Bruxelles est importée de la Flandre, de la Wallonie et de l'étranger.

La production électrique renouvelable provient essentiellement de l'hydraulique (90%). Le reste est très marginal : la biomasse (5.5%), la géothermie (1,5%), l'éolien (0,5%), et le solaire (0 ,05%). L'AIE (1999) met au premier rang le bois et la biomasse suivie de l'hydraulique comme nous le montre le tableau 3 ci -dessous.

Tableau 3: Contribution des diverses énergies renouvelables à l'approvisionnement énergétique mondial, en millions de tep (une tonne équivalent pétrole = 11.600 kWh).

Sources	Mtep	En % du total des renouvelables	En % du total de la "production" d'énergie
bois & biomasse solide	1 035,1	77,20%	11,17%
hydroélectricité (1)	222,2	16,57%	2,40%
géothermie	43,8	3,27%	0,47%
déchets municipaux	19,0	1,41%	0,20%
biocarburants	10,6	0,79%	0,11%
biogaz	4,3	0,32%	0,05%
solaire thermique	3,9	0,29%	0,04%
éolien (1)	1,7	0,13%	0,02%
énergie marémotrice	0,1	0,01%	0,00%
photovoltaïque (1)	0,1	0,00%	0,00%
total	1 340,8	100,00%	14,46%

Source : AIE (1999).

L'IBGE (2001) rapporte la mise sur pied de l'autoproduction de l'énergie dans la région de Bruxelles - Capitale. A ce sujet, il écrit :

« L'autoproduction de l'énergie ou cogénération bruxelloise est en forte augmentation. Huit installations totalisant une puissance installée de 12.8 MW (Mégawatt) ont produit 18.2 GWh (Gigawattheures ou millions de kWh). En 2001, 10 installations d'une puissance totale de 18.6 MW ont produit 24.1 GWh, soit l'équivalent de la consommation de 6000 ménages bruxellois. A cela s'ajoutent encore des projets qui devraient porter la puissance d'autoproduction bruxelloise à près de 30 MW. »

Toujours selon l'IBGE, la part des énergies renouvelables (essentiellement bois et déchets ménagers) est minime c'est pourquoi il rapporte : « Par contre et même si leur contribution au bilan énergétique de la région est en croissance de 13 % par rapport à 2000, il faut bien constater que les énergies renouvelables restent peu présentes. En 2001, la production primaire d'énergies renouvelables a atteint 40.5 ktep (milliers de tonnes d'équivalent pétrole) ce qui représente moins de 2 % de la consommation primaire d'énergie bruxelloise. Il est important de constater que la plus grande part (98%) de l'énergie renouvelable bruxelloise trouve son origine dans la combustion du bois par des particuliers (cassettes et autres poêles à bois) et dans la valorisation de la partie organique des déchets ménagers brûlés par l'incinérateur de Neder-Over-Heembeek. Ce résultat ne doit pas nous étonner. On imagine mal le territoire régional se couvrir de champs d'éoliennes. Par contre, le solaire thermique est une technologie qui pourrait se développer en région de Bruxelles-Capitale. »

Quant aux énergies non renouvelables, le charbon y occupe une place prépondérante. En effet, il a fourni 41% de d'électricité en 2004 et va passer à 45% en 2030 ce qui est économiquement acceptable grâce à son prix.

Que ce soit les énergies renouvelables ou non, leur utilisation a des effets néfastes sur l'environnement. Ces effets sont de plusieurs ordres :

- Les nuisances acoustiques,
- les odeurs, les pollutions,
- les émissions de gaz à effet de serre…

2.3.2. Energies et émissions de CO2

Les GES suscitent des inquiétudes dans le monde entier car ne cessent de croître. Des spécialistes ont fait des analyses sur la base de certaines politiques énergétiques afin de dégager les tendances futures.

Si les politiques énergétiques en vigueur de nos jours restaient inchangées, la demande mondiale d'énergie augmenterait de 65% et les émissions de dioxyde de carbone d'au moins 70%, entre 1995 et 2020 (Maria et Fatih, 1999)
L'intensité énergétique (le rapport entre la consommation d'énergie et la croissance) diminue dans le monde de 1,1% par an car la consommation totale d'énergie s'accroît de 2% par an alors que l'activité économique progresse de 3,1% annuels.

Mais si l'on modifiait les politiques énergétiques en vigueur avant Kyoto, dans le but de réduire les émissions des GES, la consommation future d'énergie dans le monde serait différente (moindre) de celle que laissent supposer les projections tablant sur le maintien de statu quo. Et cela ne s'expliquera pas uniquement par la croissance économique, l'augmentation des prix de l'énergie, la technologie et le comportement des consommateurs qui peut évoluer au fil du temps mais, cela serait surtout dû au fait que les scénarii de politiques inchangées sont inacceptables compte tenu de la concentration croissante des GES dans l'atmosphère.

L'analyse de l'AIE cherche à élucider les possibilités et les contraintes basant sur les engagements de Kyoto à l'horizon 2010. Une de ces analyses concerne la réglementation et l'autre la hausse des prix.

Si on élabore des réglementations fiables, la moitié des émissions des GES sera obtenue moyennant une imposition d'une diminution de l'intensité énergétique annuelle de l'ordre de 1,25% dans tous les secteurs de demande et dans tous les pays de l'OCDE et l'autre moitié résultera du remplacement progressif des énergies fossiles par des énergies non fossiles (nucléaire et énergie renouvelable).

Si, par contre, on ajoute une taxe au prix des combustibles fossiles en fonction du taux de carbone dans la zone de l'OCDE, il y aura une réduction de la consommation d'énergie. Mais, la consommation varie aussi selon les types d'énergie et leur application.

Par ailleurs, si l'on diminue l'intensité énergétique, il en résultera la perte du bien-être bien que réduisant les émissions des GES qui occasionnent le réchauffement climatique. Alors, nous nous confronterons ainsi à un véritable dilemme.

Toutefois, le réchauffement climatique n'a pas que des conséquences néfastes, il peut aussi favoriser l'économie d'énergie. A ce sujet, l'Agence Européenne de l'Energie (AEE) rapporte que les émissions de GES de l'Union Européenne (UE) ont dans l'ensemble diminué en 2006 (inférieures à 0,3 %) par rapport à 2005. Cette diminution est constatée surtout dans les secteurs de ménages et de services et ce, grâce aux conditions météorologiques favorables qui ont permis de réduire non seulement la température mais aussi la durée de chauffage.

2.4. L'Europe et l'énergie

L'énergie est au cœur des préoccupations à Bruxelles (capitale d'Europe). En plus les Etats membres se sont engagés à ce que d'ici 2020, 20% de l'énergie produite le soit à partir des sources renouvelables, tel est le défi majeur à relever. La consommation d'énergie est très inégalement répartie dans les différents pays de l'Union Européenne. Ainsi, on distinguera les grands consommateurs des petits.

La Communauté Européenne souhaite mettre en place un véritable marché unique tenant compte des questions environnementales. L'état des lieux montre que les Luxembourgeois sont les plus grands consommateurs d'énergie avec 9,8 tep (par habitant et par an). Viennent ensuite la Finlande (5,1 tep) et la Suède (3,8 tep).
Par contre, les européens les moins consommateurs sont les Maltais (1,1tep) suivis des Bulgares et des Roumains 1, 2 tep selon Eurostat, 2004.

Dans la moyenne européenne figure la France avec 2,2 tep aux côtés du Royaume Uni et de l'Allemagne 2,6 et 2,8 tep respectivement. La consommation d'énergie primaire repose pour 42,5 % sur l'électricité, 33,6 % sur le pétrole et 14,6% sur le gaz (25,3 % du gaz consommé en France est russe). La production d'électricité est à 78 % d'origine nucléaire. Le taux d'indépendance énergétique est de 50,2 % (Anonyme, 2008a).

A Bruxelles, la facture énergétique moyenne d'un ménage (hors transport) se compose ainsi : 54% pour le chauffage, 27% pour l'éclairage et l'électroménager, 12% pour l'eau chaude sanitaire, 6% pour la cuisson et 1% pour le chauffage d'appoint (IBGE, 2006). Par l'identification de ces postes, on peut facilement chercher à mener des actions en faveur d'une économie d'énergie.
Toujours selon l'IBGE, à Bruxelles, l'ensoleillement d'un mètre carré de toiture représente environ l'équivalent énergétique de 100 litres de mazout.
L'évolution de la consommation énergétique finale par secteur d'activité et par vecteur de la Région de Bruxelles Capitale est reprise dans les tableaux 4 et 5 ci-dessous.

Tableaux 4 et 5. Evolution de la consommation énergétique finale par secteur d'activité et par vecteur en Région de Bruxelles Capitale

	logement	Tertiaire	transport	industrie	Autre	Total
Consommation 2004(ktep)	898,5	673,6	517,3	78,3	19,0	2186,8
Part des secteurs (%)	41	31	24	4	1	100
Evolution 1990-2004 (%)	22	22	16	-5	46	20

Charbon, Bois	Charbon, bois	Produits pétroliers	Gaz naturel	Electricité	Autre	Total
Consommation 2004(ktep)	6,6	840,2	846,6	488,2	5,1	2186,8
Part des Vecteurs (%)	0	38	39	22	0	100
Evolution 1990-2004 (%)	-74	6	28	40		20

Source : ICEDD (2006)

Entre 1990 et 2004, la consommation énergétique du transport a augmenté de 16% (ou de 1,14 % en moyenne par an). Ce constat est d'autant plus préoccupant que le secteur consomme presque exclusivement les hydrocarbures et qu'il émet une large gamme de polluants à proximité immédiate des individus.

Les amis de la terre pensent que la Wallonie est un mauvais élève en matière de consommation énergétique. Elle est 50 % supérieure à la moyenne européenne, et utilise 98 % de la production énergétique (gaz, pétrole, charbon et uranium). Ces énergies sont par ailleurs des produits gros pollueurs, provoquent le réchauffement de la planète par le CO_2, la destruction des équilibres des forêts, des océans et des cultures dont nous avons besoin, Foguenne (2006).

2.5. Environnement, ressources naturelles et protection de l'environnement

Les concepts de l'environnement et de ressource naturelle ne sont pas porteurs du même message informationnel.

2.5.1. L'environnement

Nous tenterons de donner quelques définitions de l'environnement.

En général, c'est l'ensemble des caractéristiques (sociales, familiales ou économiques) propres à un milieu déterminé.

Au sens le plus large, l'environnement est l'ensemble des éléments qui constituent l'entourage où l'homme mène sa vie (eau courante, terre arable, végétation …), (Silasi et Dogaru, 2007). La multitude des dommages associés à la croissance économique dans les pays industrialisés a suscité et suscite encore des courants écologistes.

Theys *in Analyser les politiques publiques de l'environnement* de Larrue Corinne (2002) envisage trois conceptions de l'environnement :

la première est objective et biocentrique et désigne une collection d'objets naturels en interaction (espèces, milieux, écosystèmes) dont il s'agit d'assurer la conservation ou la reproduction. Cette définition exclut les objets artificiels pourtant importants pour caractériser le cadre de vie des activités humaines.

La deuxième est subjective et anthropocentrique, désigne l'ensemble de relations entre l'homme et le milieu naturel ou construit dans lequel il vit. Cette définition prend en compte l'environnement sous toutes ses formes, mais restreint son champ à celui utilisé par et pour l'homme.

La troisième est technocentrique ou clinique et rappelle tout simplement les interrelations entre l'homme et la nature. Cette conception cherche à déterminer ce qui, dans la nature est acceptable pour l'homme et ce qui, dans les activités humaines est acceptable pour la nature. Il s'agit d'un ensemble de problèmes, de risques, de dysfonctionnements dont la perception varie dans le temps et l'espace.

L'environnement peut être défini selon les disciplines.

Par exemple en géographie, c'est l'ensemble des conditions naturelles et culturelles susceptibles d'agir sur les organismes vivants (les sciences de l'environnement) alors qu'en informatique, c'est l'ensemble des éléments techniques et physiques qui entourent un système informatique (environnement matériel et logistique, environnement d'interconnexion de systèmes ouverts).

2.5.2. Les ressources naturelles

Ce sont des facteurs de production originels, objets de l'activité humaine se rapportant surtout à la terre, économiquement comprend aussi l'eau, les matières premières et l'énergie. Ces ressources naturelles s'épuisent au fil du temps si leur capacité de régénération est limitée, c'est la raison pour laquelle une attention particulière doit leur être accordée.

Les derniers siècles, lorsque les formes plus ou moins différentes d'agression et intrusion se sont manifestées surtout à cause des activités humaines, l'environnement est devenu un point d'intérêt pour toutes les sciences.

2.5.3. La protection de l'environnement

A l'échelle d'un pays, l'Etat définit la politique de l'environnement dont l'objectif est d'améliorer la qualité de vie.

La protection de l'environnement se retrouve dans la sécurité multidimensionnelle: politique, économique, sociale et militaire. Protéger l'environnement c'est le sécuriser. La sécurité environnementale cherche à définir les types de menaces pesant sur l'environnement et les problèmes associés qui conduisent aux conflits entre Etats, communautés et individus car, la guerre globale c'est la guerre pour l'environnement.

La sécurité environnementale est intimement liée à la protection des hommes. L'une n'a pas de sens sans l'autre. Cependant, vu la complexité des facteurs environnementaux auxquels tant de pays se confrontent, il est difficile de percevoir un élément commun de la problématique visant la protection de l'environnement

Les pouvoirs publics ont pris un ensemble d'engagements vis-à-vis du public en matière de gestion de l'environnement. Il s'agit :
- des lois sur la protection de la nature
- des conventions internationales
- des protocoles de réduction des émissions de gaz à effet de serre, et,
- des dispositifs de gestion tels que :
- les aires protégées
- les mesures agri environnementales
- les taxes parafiscales pour la gestion des déchets.

Chapitre 3 : PROBLEMATIQUE, OBJECTIFS, HYPOTHESES ET METHODOLOGIE

« Economisons de l'énergie, un geste qui profite à notre portefeuille et à la nature. »
« Agir pour l'environnement c'est protéger notre qualité de vie. » Evelyne Huytebroeck, (2008)

3.1. Problématique

Nombre de dérèglements sur notre planète sont attribués aux comportements des hommes, leurs modes de consommation et de vie. L'homme modèle son environnement et l'adapte à ses désirs et à sa convenance. Pour ce faire, il utilise des ressources naturelles de façon croissante sans songer toutefois à leur régénération. Cette manière de faire induit une exploitation excessive des ressources d'où une menace de pénurie. A cela s'ajoutent les pollutions de l'atmosphère et le réchauffement climatique qu'on impute généralement à la gestion des ressources naturelles et particulièrement à la consommation énergétique.

La consommation mondiale d'énergie est chiffrée à environ 10 milliards de (tep), très inégalement répartie dans les différentes régions, avec cette tendance que les pays en développement consommeront plus que les pays développés à long terme. Comme rapporté plus haut, l'AIE prévoit une augmentation de la consommation d'énergie de 52% d'ici 2030. Cette consommation sera proportionnelle à la croissance économique et démographique.

Ainsi, l'état actuel de la planète est critique et tournera au noir si rien n'est fait pour essayer de le réguler. Les possibilités d'utilisation des ressources fossiles se feront rares dans les années à venir. Il existe plusieurs possibilités pour juguler la crise.

Des actions pourraient être menées dans l'immédiat, à court ou à long terme basées sur les technologies nouvelles, les énergies renouvelables et, la recherche-développement.

Le protocole de Kyoto propose de diminuer les émissions de CO_2 d'ici 2020 et cette mesure prend en compte la diminution de la quantité d'énergie disponible. Pour cela chaque pays à son niveau doit trouver des alternatives valables via ses politiques quoique tous différents les uns des autres.

Certes, des mesures sont prises çà et là pour gérer la situation mais, on constate malgré tout que beaucoup ne prennent pas en compte les bonnes pratiques de l'heure. Par exemple, il n'est pas rare de voir des lampadaires qui restent allumés jusqu'à neuf heures du matin dans les rues. Dans les logements, on constate des abus de consommation liés aux choix du consommateur, c'est dans le même ordre d'idées que Wallenborn *et al.*, (2006) affirme que trop souvent, les logements sont considérés comme des boîtes noires qui transforment des flux des vecteurs énergétiques en joules et pollutions dont les GES.

Cette manière de voir les choses nous incite en tant qu'écologistes à nous poser quelques grandes questions sur l'environnement :
La société est-elle vraiment consciente du danger qui plane sur nous comme une épée de Damoclès ? Est-ce que nous savons l'améliorer ? Est-ce que nous voulons faire quelque chose pour améliorer la situation ou alors pouvons-nous l'améliorer ?

Nos regards sont dirigés vers la jeunesse, fer de lance de la nation, en qui tous nos espoirs sont fondés et sur qui nous comptons pour reconquérir un avenir meilleur.

Des études ont déjà été menées dans les ménages et les bureaux à propos de la consommation d'énergie et on se rend compte que certaines personnes continuent à vivre, à manger et à dépenser comme si elles ne se souciaient de rien. Les personnes à hauts revenus sont aux bancs des accusés car, ont des comportements que nous pouvons qualifier de « non assistance de la planète en danger ».

En Belgique, il y aurait gaspillage d'énergie, c'est ce que soutient Wallenborn *et al.*, (2006) quand il déclare: «la Belgique apparaît en ligne de mire du « gaspillage » énergétique au niveau européen. »
L'énergie est utilisée dans des secteurs différents tels que le transport, les bâtiments (tertiaire, logements), les industries et l'agriculture. Selon l'IBGE (2006), le secteur de bâtiments vient au premier rang des consommations avec 23 % pour le tertiaire et, 49 % pour logement. Le transport suit avec 19 % puis le secteur industriel avec 6%.

En Wallonie, les recherches de Yves (2006) ont montré que la consommation a augmenté de près de 8% entre 1990 et 2004. L'intensité énergétique de l'activité économique est deux fois supérieure à la moyenne européenne.
Le chauffage des bâtiments est le vecteur le plus consommateur d'énergie avec 54,6% de l'énergie totale consommée, représentée par l'électricité, les produits pétroliers et les gaz.

Cette situation mérite d'être remédiée ou améliorée mais, en même temps on ignore la relation qui lie les consommateurs et les appareils techniques qu'ils utilisent, relation sans laquelle une bonne politique de limitation ne saurait être menée.
Nous pensons qu'il serait loisible de déterminer ou chercher à percevoir les attitudes des étudiants, face à cette problématique afin de les amener à faire librement ce qui devrait être fait.

Par ailleurs, Chirac *in « Terre Sacrée »* (2007) préconise que tout le monde (sans exception) devrait opter pour une croissance écologique, récusant un modèle fondé sur le gaspillage effréné des ressources naturelles, promouvant des comportements plus économiques notamment en matière d'énergie et d'eau.

De ce fait, les efforts doivent être partagés entre :

- les pays développés
- les pays émergents
- les pays pauvres, les pays industrialisés devant aider les pays pauvres dans ce sens via des subventions

Les Etats devraient agir à un niveau très élevé où les consommations sont également élevées comme les industries, tandis que les étudiants devraient le faire au niveau des ménages, des écoles et des milieux qui leur sont facilement accessibles.

Selon le groupe d'experts inter gouvernemental sur l'évolution du climat (GIEC, 2007), l'Europe doit agir pour démontrer son leadership sur le climat. Le groupe pense aussi que l'objectif de 20% de réduction est insuffisant pour répondre à la crise climatique et qu'il faille le porter à 30-40% pour limiter le réchauffement climatique à 2°C par rapport aux niveaux préindustriels, World wide Fund of nature (WWF, 2007).

3.2. Objectifs et hypothèses

L'objectif principal de notre étude revient à déterminer ce que pensent les étudiants de la consommation d'énergie et ce qu'ils font de ce qu'ils pensent.

Il s'agit de :

- vérifier si les étudiants de l'IGEAT, censés être plus sensibilisés sur le plan environnemental que les autres ont des comportements en faveur de l'environnement autrement dit : est-ce que l'attitude qu'ils ont envers l'environnement induit des comportements pro environnementaux ?

- montrer la relation qui existe entre les préoccupations environnementales (l'utilisation des ressources naturelles et la protection de l'environnement), les attitudes et les comportements pro environnementaux. Tout ceci parce que le déséquilibre croissant entre l'activité de l'homme et l'environnement doit déterminer le réaménagement des rapports et susciter la prise d'une conscience écologique qui puisse conduire à un changement d'attitude face à la nature et à l'avenir même de la vie sur terre.

Pour mener à terme notre étude, nous avons émis un certain nombre d'hypothèses qui sous-tendent notre analyse. Ces hypothèses sont les suivantes :

Hypothèse 1 : les étudiants de l'IGEAT et les étudiants des autres facultés ne perçoivent pas de la même manière l'état de consommation de l'énergie en général. Les questions 6 à 10 permettent de répondre à cette hypothèse.

Hypothèse 2 : les étudiants estiment que la consommation d'énergie est élevée et que les actions des pouvoirs publics sont faibles. (Q 7, 11, 12, 15)

Hypothèse 3 : les étudiants militent en faveur d'une réduction de la consommation d'énergie pour des raisons écologiques (croyance à l'effet de serre), plutôt que pour des raisons économiques. (Q 13,14)

Hypothèse 4 : il existe une relation entre les attitudes des étudiants envers la consommation d'énergie et leurs comportements pro environnementaux. (Q 16, 17,18)

Nous avons interrogé les étudiants inscrits à l'ULB pour connaître leurs opinions sur la problématique de la consommation d'énergie. Ces étudiants sont divisés en deux groupes, ceux de l'IGEAT et les autres (toutes les facultés confondues).

Nous procèderons pour certains cas par comparaison des résultats pour relever les différences entre les deux groupes au cas où il y en a. De ce fait, nous allons interpréter quelques études (qui sont à notre portée) faites au niveau mondial, au niveau de la Belgique et enfin au niveau de Bruxelles.

Pour les deux premiers niveaux, nous allons consulter la bibliographie existante, alors que pour le dernier, nous nous contenterons de ce que fait l'IBGE.

L'IBGE est une administration bruxelloise de l'énergie et développe dans ce cadre une politique durable de l'énergie visant trois objectifs :

- la minimisation de l'effet de la consommation sur l'environnement et en particulier le réchauffement climatique
- le maintien d'une politique sociale d'accès à l'énergie
- l'ouverture des marchés de l'électricité et du gaz et la régulation de ces marchés (IBGE, 2006).

3.3. Méthodologie

3.3.1. Justification

Nous avons interrogé les étudiants à la fin de leur parcours dans le but de recueillir le maximum d'informations qu'ils ont acquises sur le plan de la gestion de l'environnement. Mais, rien ne nous prouve que toutes ces informations soient celles reçues au cours de la formation.

3.3.2. Champ géographique de notre étude

Notre étude se déroule au niveau de l'ULB. Elle a divers sites géographiques à l'instar de:

Campus de Solbosch, de la Plaine, Erasme, jardin botanique Jean Massart, Institut Jules Bordet, Centres hospitaliers Saint Pierre, Brugmann et des enfants Reine Fabiola à Bruxelles

Campus de Charleroi/parent ville, Site de Gosselies (Institut de Biologie et de Médecine Moléculaires), Campus de Nivelles (Centre régional Wallon et Centre de Recherches industrielles et agronomiques), Site de Treignes en Wallonie (Martin, 2005). Le campus de l'Université Libre de Bruxelles (Campus de Solbosch) est le lieu de notre investigation parce que nous voulions recueillir les opinions des étudiants de l'ULB sur la problématique de l'énergie. Les étudiants sont considérés comme le «fer de lance de la nation». Leurs pensées d'aujourd'hui pourraient permettre de mieux réfléchir aux solutions des problèmes de demain malgré leur multiplicité et leur complexité.

3.3.3. Description de l'échantillon

Compte tenu de la multiplicité des facultés représentées au sein de l'ULB, nous ne pouvions pas les enquêter toutes. En fait hormis les étudiants de l'IGEAT, les autres ont été choisis de manière aléatoire. Il ressort donc que les facultés représentées sont les suivantes : la faculté de sciences, la faculté de lettres, la faculté de sciences appliquées, la faculté de psychologie et de l'éducation. Tous les répondants sont répartis dans différents niveaux d'étude.

Le graphique 1 ci-dessous reprend la répartition des répondants par type d'étudiant ou niveau d'étude :

Répartition des répondants par types

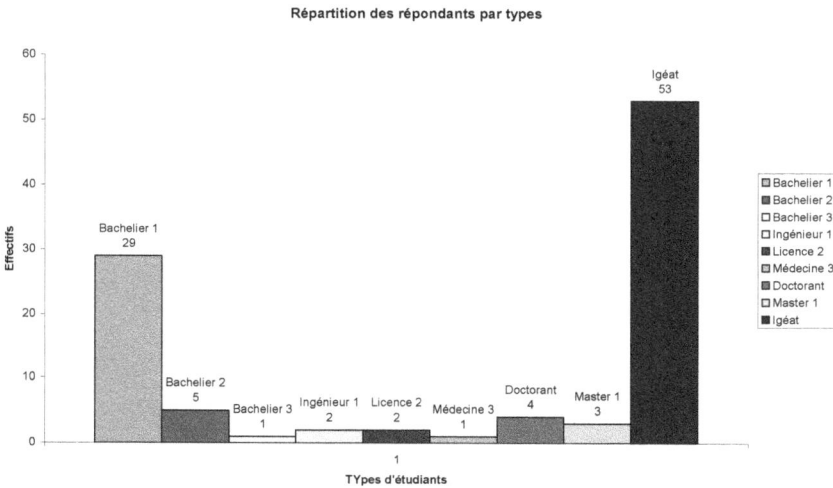

Fig.1 : Répartition des répondants par type d'étudiant

Il apparaît clairement dans ce graphique que les types les plus représentés sont l'IGEAT (53 étudiants) suivis de Bachelier de niveau 1 (29 étudiants). Les autres niveaux de Bachelier (2 et 3), les ingénieurs, les doctorants et les Master 1 sont insignifiants.

L'ensemble des « autres » étudiants est comparable à ceux de l'IGEAT en matière d'effectifs, ce qui nous permettra de faire des comparaisons quand ce sera nécessaire.

Nous avons par ailleurs présenté ces répondants par classe d'âge et par sexe.

Les classes d'âge selon le sexe et la faculté sont reprises dans le tableau 6 ci-dessous:

Tableau 6 : Classes d'âge selon le sexe et les facultés

Classe d'âge (ans)	IGEAT		AUTRES FACULTES		TOTAL
	SEXE				
	masculin	féminin	Masculin	Féminin	
16- 25	03	05	33	14	55
26-35	11	21	04	01	37
36-45	03	04	03	00	10
46-55	02	00	00	00	02
55 et +	01	01	00	00	02
Total	20	32	39	15	106

Il ressort de ce tableau que la classe d'âge de 16 à 25 ans est la plus représentée des répondants (55 sur 106) et le sexe le plus représenté est masculin (71 sur 106 répondants).

De ce même tableau, on peut reproduire ou obtenir deux diagrammes, par classe d'âge et par sexe selon les facultés.

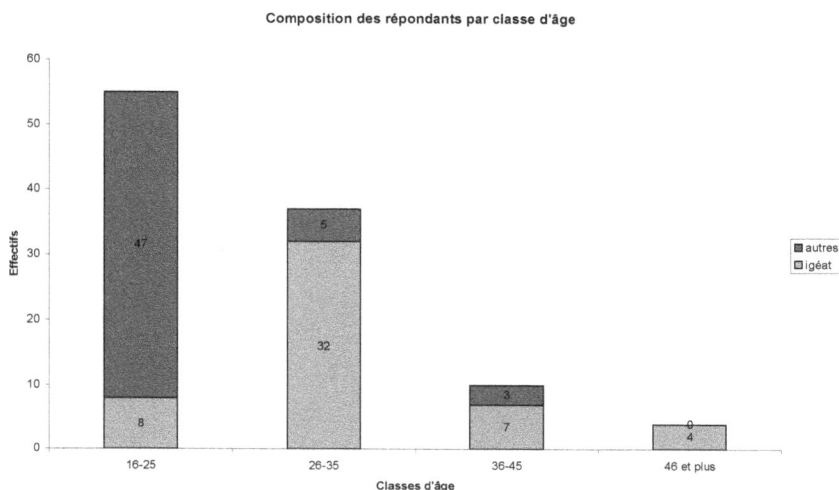

Fig. 2 : Composition des répondants par classe d'âge.

Nous remarquons que les classes d'âge (16-25 ans) et (26-35 ans) présentent des effectifs contraires. En effet, les 16-25 ans ont un effectif plus élevé dans la catégorie des autres que dans celle de l'IGEAT. Cela s'explique bien par le caractère jeune des Bacheliers. Ils viennent à peine de quitter les humanités pour l'Université sauf quelques rares cas où les étudiants ont été obligés de s'exercer d'abord avant d'entrer à l'Université.

Cette même classe d'âge se trouvant à l'IGEAT s'explique par le nombre d'étudiants n'ayant pas redoublé durant leur cursus scolaire.

L'effectif des jeunes va décroissant pour s'annuler dans la classe d'âge de 46 ans et plus.

En plus des classes d'âge, nous avons bien voulu voir comment se répartissent les sexes dans notre échantillon.

Le graphique suivant reprend la répartition des répondants par sexe.

43

Répartition des répondants par sexe

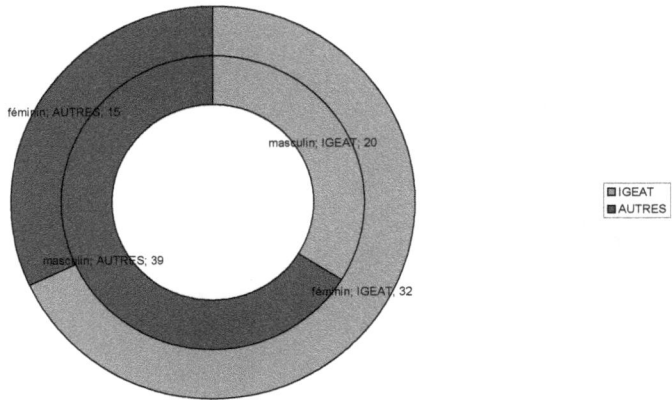

Fig. 3 : Composition des répondants par sexe.

Il ressort de ce graphique que le sexe masculin est largement représenté (39 sur 54) dans les autres facultés par rapport à l'IGEAT qui compte seulement 20 sur 52, ce qui est l'inverse pour le sexe féminin. Le sexe faible comprend respectivement 15 et 32 pour les autres et l'IGEAT.

Le nombre limité (50 x 2) des répondants est dû au fait que nous voulions comparer deux groupes d'étudiants. Le groupe cible (principal) comprenait environ soixante inscrits. Ce qui va nous permettre de rentrer dans le vif du sujet, ce sont des questions spécifiques considérées comme des indicateurs.

En effet, il était question d'interroger tous les étudiants en général et de faire une comparaison entre ceux de l'IGEAT et ceux de l'ensemble des autres facultés. Seul le nombre nous intéressait et non une faculté type. Les mobiles qui nous ont poussées à faire cette comparaison sont les suivants :

Les étudiants sont en grande partie des jeunes donc les adultes de demain

Les étudiants de l'IGEAT sont censés avoir des prédispositions écologiques c'est-à-dire qu'ils auraient du souci pour la chose environnementale.

3.3.4. Elaboration du questionnaire

Afin de réaliser notre questionnaire, nous avons mené un ensemble d'entretiens semi directifs. Ces derniers comportent un ensemble de questions ouvertes portant sur la vision actuelle de la consommation d'énergie, la représentation de l'environnement, les politiques de l'Etat…
Une quinzaine d'étudiants volontaires ont été interviewés. La durée de ces entretiens a été d'une vingtaine de minutes. C'est au terme de tout ceci que nous avons construit notre questionnaire.

3.3.5. Contenu et réalisation de l'enquête (avril-mai,)

Notre questionnaire est divisé en plusieurs rubriques dépendant de nos objectifs et hypothèses de travail. Nous avons également utilisé l'échelle de Likert à plusieurs items, ce qui permettait à l'étudiant d'indiquer son niveau d'accord en choisissant absolument entre les valeurs négatives et positives. Les réponses aux questions sont donc rangées par ordre hiérarchique (jamais, rarement, souvent, et toujours) ou (de pas tout à fait d'accord à tout à fait d'accord.)

Les questions de 6 à 10 expliquent l'hypothèse 1, de même que les perceptions des étudiants vis-à-vis de la consommation d'énergie.
Les questions 7, 11 et 12 permettront de répondre à l'hypothèse 2, faibles actions des pouvoirs publics.
Ensuite les questions 13 et 14 expriment les raisons d'actions menées par les étudiants
Enfin, les questions 13 et de 15 à 18 établissent les rapports entre attitude et comportement.
Les fiches signalétiques seront répertoriées par la question 5.

Après la validation des questionnaires, nous avons utilisé des procédures différentes pour récolter les données.

C'est ainsi que pour les étudiants de l'IGEAT, nous avons envoyé les questionnaires via leur mailing liste pour pouvoir atteindre tout le monde. Tandis que pour les étudiants des autres facultés, nous leur distribuions (après introduction des objectifs de l'étude et la demande de leur disponibilité) directement les questionnaires.

Certains étudiants les ont remplis avant de nous les renvoyer pour impression et classement. D'autres, par contre, les imprimaient directement avant de les remplir. D'autres encore recevaient les imprimés et les remplissaient à leur aise et convenance. De toutes les manières, le temps d'attente a varié d'une heure à trois semaines. Dans cette dernière catégorie se trouvent les étudiants provenant des autres facultés.

3.3.6. Traitement statistique

Les données récoltées ont été encodées dans un fichier Excel de telle sorte qu'une ligne représente un individu et une colonne un item.

Les données du fichier Excel ont été ensuite transférées dans le logiciel d'analyse statistique (SPSS). Nous avons dès lors appliqué un ensemble de tests statistiques dont des tests de comparaison de moyennes (test de T). En fait nous avons calculé les moyennes IGEAT et les moyennes des autres et nous avons à chaque fois que c'était nécessaire, regardé si la différence entre les moyennes était statistiquement significative grâce au test de T. Le seuil de signification est arrêté à 0,05 ce qui veut dire que, nous acceptions une marge d'erreur de 5 % et nous pouvions donc nous permettre de généraliser les résultats si nous prenions un autre échantillon de la même population.

Nous avons affecté de codes spécifiques aux données manquantes dans l'analyse statistique.

Au vu de tout ce qui précède, nous avons comme objectif principal de déterminer ce que pensent les étudiants de la consommation d'énergie (électricité).et ce qu'ils font de ce qu'ils pensent.

Chapitre 4 : PRESENTATION DES RESULTATS ET ANALYSE DES TABLEAUX

Dans ce chapitre, nous allons présenter les résultats des enquêtes menées sur le site universitaire en 2007. Ces enquêtes concernent deux groupes d'étudiants ; ceux de l'IGEAT et ceux des autres facultés. Ce choix est dicté par le fait que nous voulons observer les attitudes et les comportements pro environnementaux des étudiants. Les étudiants de l'IGEAT sont ceux qui sont en contact permanent avec des enseignements concernant l'environnement par rapport aux étudiants des autres facultés pris au hasard. Nous allons à cet effet nous servir de leurs réponses aux questions posées dans notre enquête pour les vérifier.

Les réponses aux questions d'ordre général seront traitées de manière globale sans comparaison et, les autres en comparant les moyennes ou les pourcentages des deux groupes. Nous nous contenterons des moyennes générales pour d'autres cas encore. Le seuil de signification est de 0,05% pour le test de T.

4.1. Ce qu'évoque l'environnement pour les répondants

Afin de mieux cerner ce que recouvre le terme environnement pour les étudiants, nous leur avons posé la question de savoir ce à quoi ils pensaient quand on leur parle d'environnement.

Pour cela, plusieurs termes ont été identifiés et proposés afin que les étudiants puissent donner leurs opinions, plusieurs choix étant possibles. Ces mots sont ceux qu'on évoque régulièrement pour représenter l'environnement que ce soit en bien ou en mal, dans un sens positif ou négatif. Pour chaque terme, nous allons calculer le nombre de répondants ayant associé ce terme à celui d'environnement (en pour cent). Les termes qui auront obtenu un pourcentage de plus de 60 % seront considérés comme ceux pouvant être comparables à l'environnement. Le tableau 7 reprend les termes comparables à l'environnement selon les étudiants et la figure 4 leur classement par ordre décroissant.

Tableau 7: Termes comparables à l'environnement selon les étudiants de l'ULB (en %)

Termes	Pourcentage (%)
Eau (rareté)	80.2
Transport	53,8
Economie	28,3
Energie (consommation)	67.9
Déchets	75.5
Société	37,7
Forêt (déforestation)	81.1
Biotechnologies	30,2
Cadre physique	27,6
Ressources minières	27,4
Pollution	84.0

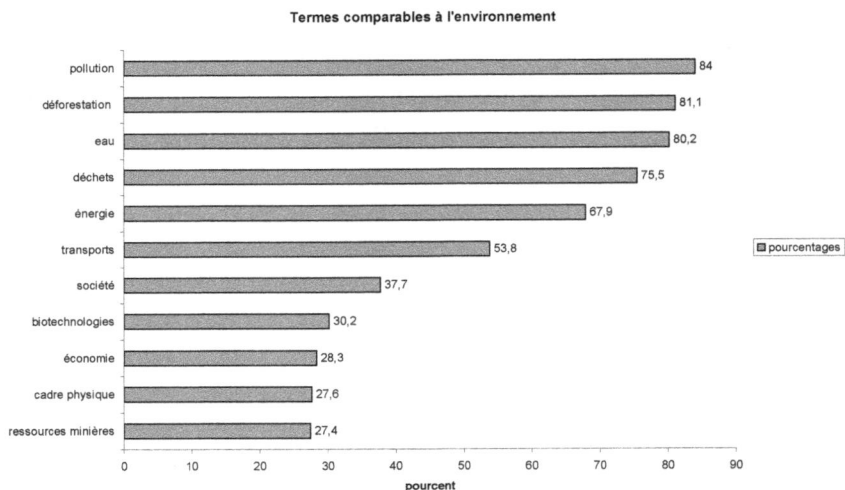

Termes comparables à l'environnement

Terme	Pourcentage
pollution	84
déforestation	81,1
eau	80,2
déchets	75,5
énergie	67,9
transports	53,8
société	37,7
biotechnologies	30,2
économie	28,3
cadre physique	27,6
ressources minières	27,4

Fig.4 Classement des termes

Il ressort du tableau 7 que les pourcentages varient de 27,4 (les ressources minières) à 84,0 (la pollution).

Il apparaît clairement que tous ces étudiants pensent que tous ces termes sont comparables à l'environnement mais, à des degrés divers. Les termes, ressources minières, cadre physique, économie, biotechnologie, société et transport ne semblent pas importants aux yeux des étudiants en général.

Pour les étudiants interrogés, il s'avère que les principaux termes comparables à l'environnement sont : la pollution en tête avec 84%, puis la déforestation (81,1%), l'eau (80,2%), les déchets (75,5%) et enfin l'énergie (67,9%).

Ces cinq termes sont représentés dans la figure 5 qui suit.

Termes comparables à l'environnement

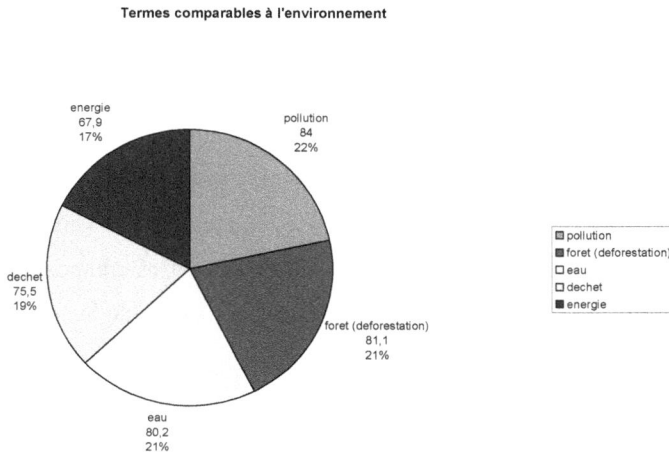

Fig. 5: Termes comparables à l'environnement

Si nous procédons au classement des cinq termes présélectionnés, l'énergie a le plus faible pourcentage (17%) alors que la pollution en a le plus grand (22 %).

Un nombre important de répondants a opté pour la **pollution** ce qui témoignerait de son importance au sein de la société. Est-elle importante parce qu'elle cause des dégâts ou parce qu'on en parle beaucoup ? C'est quoi cette pollution qui attire tant d'attention ? Peut-on l'atténuer ? Si oui, comment ?

Le mot pollution est largement utilisé par les médias de nos jours pour caractériser l'état de l'environnement qu'il s'agisse de la pollution de l'air, de l'eau, du sol, ou de la pollution sonore, visuelle ou radioactive. La pollution selon Kummer (2004) est définie comme l'introduction des substances sous quelques formes que ce soit dans l'environnement à tel point que ses effets deviennent nuisibles à la santé humaine, à celle d'autres organismes vivants.

51

La pollution de l'air concerne essentiellement les émissions de dioxyde de soufre (SO_2) qui se forment par l'oxydation du soufre organique contenu dans les combustibles fossiles. Les émissions totales de SO_2 ont été estimées à 66.963 tonnes tous secteurs d'activité confondus.

En plus de cela, Degrez (2007), estime les émissions d'oxyde d'azote à 145.154 tonnes d'NOx en Wallonie en 1994, le monoxyde de carbone à 255.142 tonnes en 1994. Les poussières, les métaux lourds, les composés organiques dont certains sont toxiques ont tendance à s'accumuler dans la chaîne alimentaire. Ces composés sont nombreux et peuvent induire les effets indirects tels que la formation de la couche d'ozone, l'effet de serre, et la destruction de la couche d'ozone.

A la question peut-on atténuer la pollution, nous pouvons sans risque de nous tromper répondre par l'affirmative, car en agissant sur les sources de pollution, on sait les réduire. Si l'on prend par exemple le cas des engrais chimiques à usage agricole, il est connu que par lessivage ou percolation et infiltration, ils arrivent à contaminer les eaux de surface ou même les nappes d'eaux souterraines. Pour y remédier, il conviendrait de limiter le lessivage ou l'infiltration. Des règles de bonnes pratiques sont mises en place parmi lesquelles :

- épandre juste la quantité nécessaire à la plante ce qui suppose qu'il faut faire des études préalables pour connaître ses besoins
- répandre juste au pied de la plante et non à la volée
- utiliser des engrais peu toxiques.
- épandre en tenant compte de la direction du vent

Même en adoptant ces règles de bonnes pratiques, la situation inverse restera compromise pendant longtemps car, si l'homme arrêtait tout de suite toute pollution (ce qui serait impossible à notre avis), il lui faudrait des siècles pour éliminer les déchets toxiques présents qui dégradent notre belle planète.

Seulement 20 étudiants n'associent pas la **forêt** à l'environnement. Quatre-vingt-six autres (81,1%) attestent que la forêt est une émanation de l'environnement. Malgré toute la sensibilisation faite contre la déforestation, 2 étudiants ont pu s'abstenir ce qui suppose que tout le monde estudiantin n'est pas encore conscient des problèmes de la déforestation, ou du bien-fondé de la forêt dans l'assainissement de la qualité de l'air. En effet, une forêt en pleine croissance a la capacité de capter les molécules de CO_2 dans l'air, c'est pourquoi elle est considérée comme un puits de CO_2.

Par rapport à l'**eau**, sur un effectif de 108 étudiants, 85 se sont prononcés et 21 ne savent pas quoi dire. Des 85 étudiants, 80% ont pensé à l'eau. Cela suppose que les étudiants sont imprégnés des problèmes de l'eau. En effet, l'eau tient une place capitale sur le plan mondial et est susceptible d'être considérée comme un des problèmes qui minent notre environnement. Quand la disponibilité en eau est estimée comme étant inférieure à un certain seuil on parle de stress hydrique, tout le monde n'a pas accès de la même manière à cette ressource précieuse et vitale. L'eau est un facteur de division et de pollution. En trouvant une solution au problème de l'eau, on peut parvenir à résoudre ses problèmes dérivés comme les conflits, les migrations, les maladies...

Quant aux **déchets**, 75,5% y pensent quand ils parlent de l'environnement alors que les autres 24,5 % pensent à autre chose. Deux étudiants sur 108 n'ont pas pu se décider. Les déchets font l'objet d'une attention particulière car, mal gérés, ils peuvent être source de pollution. Aussi faut-il noter que le mot déchet a une définition juridique qu'il convient de connaître car il y a des déchets qui cessent d'en être un (quand ils peuvent encore rentrer dans un circuit de recyclage…). La problématique du déchet est antérieur à celle de l'énergie, ce sujet a fait et continue à faire couler beaucoup d'encre. Il serait donc intéressant de s'attarder un peu sur la définition du mot déchet. Sont qualifiés de déchets tout ce dont un propriétaire a l'intention de s'en débarrasser (Hannequart, 2007). On définit donc un déchet par rapport au détenteur, ce qui suppose que ce qui est déchet pour un tiers cessera de l'être si l'on change de propriétaire ou de lieu. Ainsi, le mot déchet a une définition très large et sachant tout ceci, nous pouvons contribuer à sa limitation en générant moins de déchets et en léguant ce qui ne nous sert plus à une tierce personne à qui cela peut profiter.

S'agissant de **l'énergie,** 68% d'étudiants attestent qu'elle est partie intégrante de l'environnement tandis que 32% seulement s'abstiennent. La notion d'énergie semble ne pas attirer beaucoup d'attention alors que tous les médias en parlent. On ne peut plus se passer de l'utilisation de l'énergie de nos jours bien que la consommation d'énergie ait des effets connus sur les milieux. L'énergie nous sert à nous chauffer, à nous déplacer, à nous fournir de la lumière, il est dès lors illogique que des étudiants s'abstiennent. Le taux de 32% d'abstention est à notre avis élevé (même si inférieur à 68 %) car nul n'est censé ignorer l'importance de l'électricité dans la vie quotidienne, économique et dans le bien-être des citoyens.

4.2. Les principales sources d'informations

Nous avons proposé huit sources possibles d'information. Et pour chacune d'elles, chaque étudiant devrait choisir la fréquence d'obtention (toujours, rarement, souvent ou jamais) des nouvelles.

Ces sources sont reprises dans le tableau 8 et leur classement dans la figure 6 suivants :

Tableau 8 : les principales sources d'informations

variables	IGEAT	Autres	Moyenne totale	t-value	sig
Radio	2,75	2,49	2,62	-1,48	0,14
Association (ASBL)	2,88	2,17	2,52	-3,82	0,00
Télévision	2,96	3,24	3,10	1,92	0,05
Internet	3,26	2,72	2,99	-3,45	0,00
Presses	3,00	3,13	3,06	0,91	0,36
Autorités publiques	2,31	2,08	2,19	-1,28	0,20
Enseignants	3,04	2,23	2,63	-4,50	0,00
Amis, collègues, parents, voisins	2,74	2,55	2,64	-1,21	0,22

De manière générale, la télévision est la première source d'information alors que les autorités publiques constituent la dernière avec des moyennes totales respectives de 3,10 et 2,19. Il en est de même avec les étudiants des autres facultés, mais, c'est l'Internet qui est la première source d'information pour les étudiants de l'IGEAT.

Si nous considérons séparément les groupes d'étudiants, alors, les moyennes des étudiants de l'IGEAT qui reçoivent des informations par Internet, des enseignants, de la presse, et de la télévision sont respectivement de (3,26), (3,03), (3,00), (2,96). Ceux des autres facultés le font respectivement par la télévision (3,23), les presses (3,13), l'Internet (2,71) et le groupe des amis, collègues, parents et amis (2,54

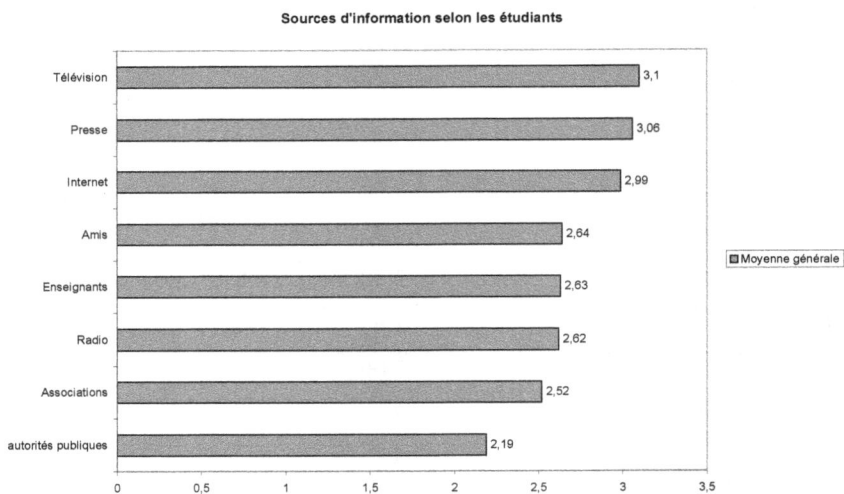

Sources d'information selon les étudiants

Fig. 6 Classement des sources d'information selon les étudiants de l'ULB.

De manière générale, les étudiants s'informent le plus souvent par la télévision suivie de la presse et de l'Internet. Ils reçoivent moins d'informations des autorités publiques, des associations et de la radio tandis que les amis et les enseignants sont pour eux des sources assez importantes d'informations.

De cette figure, quatre constats se dégagent à propos de la manière de s'informer :

1. Il apparaît quatre différences significatives sur huit par rapport à l'obtention d'informations par les associations, par la télévision, par Internet et par les enseignants relevant que les étudiants de l'IGEAT reçoivent plus les informations des associations (t =-3,82 ; sig = 0,00), par Internet (t =-3,45 ; sig = 0,00) et par les enseignants (t =-4,50 ; sig = 0,00) que les autres, alors que ceux des autres facultés reçoivent plus d' informations par la télévision (t =1,92; sig = 0,05) que ceux de l'IGEAT.

2. Les amis, collègues parents et voisins, les enseignants, la radio, viennent respectivement en 4ème, 5ème et 6ème positions. Ceci apparaît surprenant quand on sait que les amis, collègues, parents et autres sont ceux avec qui les étudiants passent beaucoup plus de temps. Alors la question qu'on se poserait serait de savoir de quoi est-ce qu'ils parlent quand ils se retrouvent ensemble ? Quel serait le sujet phare qui les préoccupe ? Ils parlent donc d'autres choses au lieu de se préoccuper de l'état actuel de leur environnement.

3. Les étudiants en général, reçoivent très peu d'informations des pouvoirs publics (moy.= 2,19). Serait-ce parce que ces derniers n'agissent pas suffisamment pour la cause environnementale ou bien par insuffisance de contact avec eux?

Les associations sont aussi comparables aux pouvoirs publics alors qu'il y a une pléthore d'associations qu'on crée de temps en temps pour la cause environnementale à l'instar de « Terre sacrée » et « WWF ».

4. Les étudiants s'informent en moyenne plus par la télévision (3,09) puis par les presses (3,06) et par Internet (2,98). Serait-ce parce que ces trois sources sont libres d'accès ? Ou bien parce que ce sont des jeunes ? Ou alors les informations reçues de ces sources sont crédibles ?

Ceci ne concorde pas avec les études de Martin (2005), qui ont montré que les étudiants de l'ULB s'informent le plus souvent par les films et les documentaires.

4.3. Attitudes des étudiants à l'égard de l'environnement

4.3.1. Le point de vue des étudiants

Nous avons proposé trois assertions. Les étudiants devraient nous dire laquelle convergeait vers leurs points de vue. Nous avons recueilli les avis des étudiants qui sont repris dans le tableau 9 ci-dessous:

Tableau 9: Attitude des étudiants

Assertions	Pour (%)	Contre (%)
Exagération des problèmes écologiques.	2	98
Tapage médiatique des pouvoirs publics	24	76
Le Pouvoir public agit peu	75.2	24.8

L'analyse statistique des données relatives à l'attitude des étudiants révèle que seulement deux pour cent des étudiants pensent qu'il y a une exagération des problèmes écologiques de l'heure faisant ainsi cas d'un appel à la peur qui, selon Pohl (2007), déstabilise et ne mène pas aux résultats escomptés.

Cependant, 98% d'étudiants ne sont pas d'accord donc, selon les étudiants en général, il n'y a pas d'exagération des problèmes écologiques mais une évaluation réelle de la situation existante de fait. Les problèmes écologiques (pollution de l'air, GES, changement climatique…) sont donc bel et bien présents de manière déterminante. Il faut par conséquent chercher à faire une étude écologique afin de trouver des solutions appropriées.

En effet, selon 25 étudiants (24%) de ceux qui se sont prononcés, le pouvoir public fait beaucoup de tapage médiatique autour des problèmes environnementaux. Cependant, 80 autres (76%) pensent le contraire. Trois autres étudiants ne savent pas se décider et de ce fait, soutiennent que les multiples publicités élaborées au sujet des problèmes environnementaux sont, d'après eux, suffisantes.

Enfin, 75,2 % soit un total de 79 enquêtés estiment que le pouvoir public agit peu pour des problèmes écologiques. Cela suppose que les mesures mises en œuvre pour les principes de précaution et de prévention ne sont pas appliquées de manière adéquate par la population cible. Par contre, 24,8% des répondants pensent que le pouvoir public se déploie suffisamment pour les questions écologiques même si les résultats ne se font pas sentir.

Le pouvoir public est donc interpellé dans la mise en œuvre des actions susceptibles d'influer sur le groupe prioritaire et induire un changement de comportement afin de protéger notre environnement dans quelque domaine que ce soit. On préconise donc le savoir agir, le vouloir agir et le pouvoir agir.

4.3.2. Les actions polluantes

Il est ici question de tester si tous les étudiants (IGEAT et autres facultés) ont la même perception des actions qui polluent plus. La question posée était de savoir quelles sont les trois actions les plus polluantes entre six items. Nous présumons qu'il n'existe aucune différence significative entre les moyennes des deux groupes d'étudiants pour les différentes assertions et les résultats obtenus sont repris dans le tableau 10 ci-dessous.

Tableau 10 : Des actions polluantes

Variables	Moy. IGEAT	Moy. Autres	Sig	T value
Consommation d'eau	0,78	0,31	0,006	-2,81
Consommation d'énergie	2,23	1,51	0,001	-3,47
destruction des sols	0,41	0,58	0,29	0,17
Production des déchets	1,78	1,98	0,32	0,19
Destruction de la forêt	0,69	1,56	0,000	4,37
Nuisance acoustique	0,10	0,09	0,93	-0,00

Source : auteur

Nous remarquons que selon les étudiants, les trois actions les plus polluantes sont par ordre décroissant la production des déchets (moy 1,98 et 1,78), la consommation d'énergie (2,23 et 1,51), et la déforestation (0,69 et 1,56).

Une analyse plus poussée des données montre qu'il existe de différence significative entre les moyennes de trois items : la consommation d'eau (t = -2,81; sig = 0,0< 0,05) puis, la consommation d'énergie (t = -3,47 ; sig = 0,00) et enfin la déforestation (t = 4,37 ; sig = 0,00).

Pour les étudiants de l'IGEAT, les premières actions les plus polluantes sont la consommation d'énergie et la production des déchets tandis que pour les autres, la production des déchets et la déforestation en sont les premières.

Ce qui attire le plus notre attention est que la moyenne des étudiants des autres facultés dépasse largement celle de ceux de l'IGEAT pour la destruction de la forêt. Tout se passe comme si les étudiants non inscrits à l'IGEAT sont plus informés sur la déforestation que leurs camarades de la gestion de l'environnement. Les résultats sont repris dans le tableau 11 suivant :

Tableau 11 : Les actions les plus polluantes

Variables	Moy. IGEAT	Moy. autres	T value	Sig
Consommation d'eau	0,78	0,31	-2,81	0,00
Consommation d'énergie	2,23	1,51	-3,47	0,00
Destruction de la forêt	0,96	1,56	4,37	0,00

Source : auteur

Les étudiants sont unanimes que la pollution provient principalement de la consommation d'eau, de l'utilisation de l'énergie et de la déforestation. Pourquoi ? Parce que les médias en parlent, tout le monde en parle et tout le monde vit la situation ? - En ce qui concerne la consommation d'eau de même que la consommation d'énergie, la moyenne des étudiants de l'IGEAT est supérieure à celle des autres étudiants. Elle est de 0,78 contre 0,31 pour la première et de 2,23 contre 1,51 pour la seconde. Les explications relatives au terme eau ont été abordées dans les principaux termes comparables à l'environnement.

- Nul n'est sans savoir que nous ne pouvons plus nous passer de l'énergie car étant à la base de tout.
L'énergie est au coeur du fonctionnement de tout système, que ce soit à l'échelle d'une cellule, d'un être vivant, d'une société humaine, de la terre ou de l'univers. Ainsi, c'est

l'énergie solaire qui alimente le processus de photosynthèse, et est à la base de la chaîne alimentaire qui fournit entre autres à l'homme l'énergie nécessaire à son métabolisme. Existerait-il des voies et moyens pour limiter sa consommation ? Etant donné que la consommation d'énergie quel que soit son état (extraction, transformation et consommation), a toujours un impact négatif sur la qualité de l'air.

-Par contre, pour la déforestation, la moyenne des autres étudiants est supérieure à celle de ceux de l'IGEAT (1,56 contre 0,96). Elle pollue indirectement parce qu'elle réduit la capacité de rétention des gaz pollueurs dans l'atmosphère. A quoi serait due la différence ? Comment expliquer que les étudiants non IGEAT trouvent plus que la déforestation est une action polluante ? Serait–ce à cause de gros engins utilisés ? Ou à cause des gros porteurs pour le transport ?
S'il est communément accepté que l'eau, l'énergie et la déforestation sont à la base de la pollution, il serait aussi possible et urgent d'agir sur ces mobiles pour la freiner.

4.4. Etat de connaissance des étudiants quant à certaines sources d'énergie

4.4.1 Les sources d'énergie

Cette rubrique nous permet d'avoir une idée sur l'état de connaissance des sources d'énergie y compris les énergies alternatives. Comme précédemment, plusieurs sources sont proposées et celles qui détiendront les forts pourcentages seront considérées comme les plus connues ou les plus en vue. Les résultats sont repris dans le tableau 12 ci- dessous.

Tableau 12 : Comparaison des deux groupes selon les sources d'énergie

Sources d'énergie	Pour (%) en général (n= 108)	IGEAT (n=53)	AUTRES (n=55)
Eau	60	34	33
Plantes	31	17	17
Vent	78	44	39
Déchets	31	22	13
Soleil	85	50	43
pétrole	79.4	40	45

Source : auteur

Le tableau révèle que les sources d'énergie les plus connues des étudiants sont le soleil, le pétrole, le vent et enfin l'eau.

Leurs choix ne sont pas loin des déclarations de l'AIE concernant l'utilisation des différentes sources d'énergie. En effet, l'AIE pense que, que ce soit selon les statistiques actuelles, les prévisions pour 2030 ou les prospections pour 2050, les combustibles fossiles sont et resteront largement utilisés comme principales sources d'énergie primaire.

Selon l'IBGE, la part du vent et du soleil est marginale (0,05%) mais augmentera avec le développement des énergies renouvelables.

Ceci nous incite à aller plus loin et rechercher quels sont les points de vue des uns et des autres. La répartition des principales sources d'énergie selon les groupes (figure 7) nous en dira davantage.

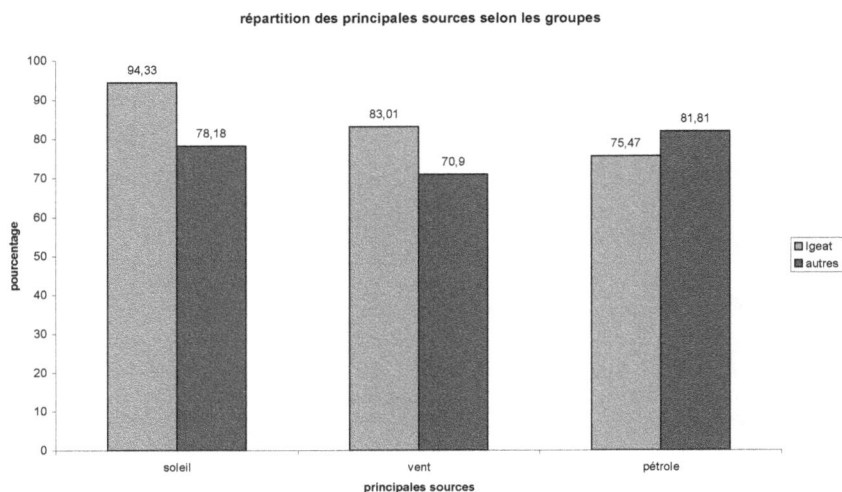

Fig.7: répartition des principales sources selon les groupes

Il existe un écart considérable (94,33% contre 78,18% et 83,01% contre 70,9%) entre les répondants de l'IGEAT et ceux des autres facultés à propos de l'utilisation du soleil ou du vent comme source d'énergie primaire. Les deux groupes gardent néanmoins presque la même perception quant au pétrole. Pour une vision plus claire, nous déterminerons le classement des principales sources selon les deux groupes (figure 8).

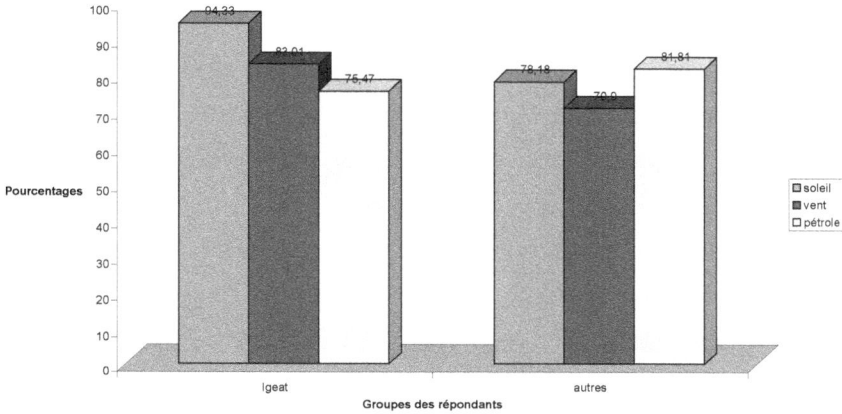

Fig. 8: Répartition des sources d'énergie selon leur importance

Pour les étudiants de l' IGEAT, les résultats sont les suivants :

Les sources les plus en vue sont par ordre d'importance; le soleil (94,33%), suivi du vent (83,01%), et du pétrole (75,47%). Selon eux, il apparaît qu'avec le développement des énergies renouvelables, la consommation du pétrole comme source d'énergie régressera au profit de ces types d'énergies mais pas de manière significative comme le soulignent, Degrez (2007), Eurostat (2006), EIA (2007), ICEDD (2006).

Pour les autres, le pétrole vient en tête avec (81,81%), suivi du soleil (78,18%) et du vent (70,9%). Pour eux, quelle que soit la situation, la consommation du pétrole supplantera les autres sources.

Il apparaît clairement que tout tourne autour du soleil, du vent et du pétrole, que ce soit avec les étudiants de l' IGEAT ou ceux des autres facultés.

65

En ce qui concerne **le vent**, 78 répondants sont favorables alors que 22% ne le sont pas. Cela témoigne de leur connaissance de l'énergie éolienne, laquelle connaît un développement croissant ces dernières années, et de ses nuisances sur l'environnement. Le monde produit actuellement plus de 73900 MW, dont 65% provenant de l'Europe. L'Allemagne est le principal producteur de l'électricité éolienne avec 20 622 MW devant les USA et l'Espagne world wind energy association (WWEA).

Le parc éolien cause des nuisances sonores. Le risque d'accidents éoliens en cas de vents forts, l'impact des installations et leur encombrement menacent la biodiversité principalement les oiseaux et les chauves-souris. Ces impacts bien que infimes par rapport aux autres sources méritent d'être pris en compte.

S'agissant de **l'énergie solaire,** elle est appréciée de tous. 85% d'étudiants associent soleil et énergie par contre ,15% ne partagent pas le même avis mais, la différence ne semble pas significative. On parle beaucoup de nos jours de l'énergie photovoltaïque, c'est quoi en fait ?

L'énergie solaire photovoltaïque désigne l'électricité produite par la transformation d'une partie du rayonnement solaire avec une cellule photovoltaïque. L'Espagne possède depuis 2005 la plus grande centrale thermique solaire d'Europe avec 100MW et quelques 400 000 miroirs soit une superficie de 1,1 millions de mètres carrés.

Selon Jancovici (2001) une surface de 10 kilomètres carrés permettrait de produire 1TWh et environ 5000km^2 pour produire grâce au photovoltaïque l'électricité dont la France a besoin.

Pour lui encore, le photovoltaïque est moins consommateur de surface que la biomasse car il faudrait disposer de 500 km^2 pour produire 1 TWh à partir de la biomasse.

On peut ainsi avoir de l'énergie n'importe où surtout dans les pays du sud où l'ensoleillement est très important. Cette énergie peut être exploitée pour les éclairages, les réfrigérateurs et les pompes hydrauliques. Par exemple, dans la ville d'Almere au Pays- Bas, une surface de 4 mètres carrés de panneaux thermiques permet de répondre aux besoins en eau chaude d'un foyer de quatre personnes et de diviser par deux au minimum sa facture de chauffage.

Enfin en ce qui concerne **le pétrole**, environ 79, 4 % d'étudiants y pensent quand on parle d'énergie. Le pétrole qui est une source vulgaire d'énergie n'a malheureusement pas beaucoup d'adeptes comparés au soleil et au vent.

Malgré tout, l'utilisation du pétrole (source d'énergie fossile) est et restera une des principales sources d'énergie, et que, les sources d'énergie alternatives (soleil et vent) existent bel et bien et sont susceptibles de se développer davantage comme on le constate avec le rapport de Eurostat (2006).

Au regard de tout ce qui précède, nous pouvons déduire que, hormis le pétrole, les principales sources alternatives d'énergie les plus connues sont respectivement le soleil et le vent. Ce sont elles qui semblent offrir aujourd'hui les produits réellement efficaces à un coût réaliste et avec un mode de fonctionnement et d'entretien à la portée de tous.

4.4.2. Les secteurs énergivores

Nous demandions aux étudiants de classer par ordre décroissant les secteurs qui utilisent le plus d'énergie. Il fallait choisir entre les différents secteurs repris dans le tableau 13 suivant:

Tableau 13 : Des secteurs énergétivores

Secteurs	Moyennes			
	IGEAT n=52	Autres n=55	t- value	sig
Ménages	1,83	1,51	-1,30	0,19
Industries	1,56	1,29	-1,82	0,07
Transport	1,83	1,93	0,61	0,54
Agriculture	0,58	0,54	-0,24	0,81
Tertiaire	0,19	0,74	2,82	0,00

Il ressort du tableau 13 que les ménages, les transports et les industries sont, selon les étudiants, les secteurs qui consomment le plus d'énergie puis, suivent l'agriculture et le tertiaire.

Il existe cependant une différence significative entre les moyennes des étudiants de l'IGEAT (moy = 0,19) et celles des autres facultés (moy = 0,74, t = 2,82, sig = 0,00), en ce qui concerne le secteur tertiaire. Ce secteur est celui qui produit des services, secteur le plus important en nombre d'actifs occupés.

Les étudiants de l'IGEAT choisissent par ordre décroissant les ménages, les transports et les industries comme les secteurs qui utilisent le plus d'énergie. Par contre, ceux des autres facultés optent par ordre décroissant pour les transports, les ménages et les industries.

Il apparaît clairement que les deux groupes ont des choix comparables pour les trois secteurs. Leurs choix concordent avec les études menées par l'IBGE dont le rapport en 2006 classe les secteurs énergivores comme suit, en plus du tertiaire:

- les logements,
- le tertiaire,
- les transports, et
- les industries

Au niveau mondial, le rapport de l'Energy Information Administration (EIA, 2008), classe les secteurs énergivores comme suit: le logement en tête, puis les industries et le transport.

Les principaux vecteurs énergétiques pris en compte sont par ordre d'importance : le gaz naturel, les produits pétroliers et l'électricité.

4.4.3. Représentation des étudiants quant au degré de consommation d'énergie

Les étudiants devraient nous dire s'ils sont tout à fait d'accord ou pas du tout d'accord avec les items dont les résultats obtenus sont repris dans le tableau 14 ci-dessous.

Tableau 14: Tendance de consommation d'énergie

Indicateurs	Moy IGEAT	Moy.Autres	T-value	sig
Les personnes consomment trop d'énergie	2,68	3,00	1,22	0,22
A Bruxelles il y a gaspillage d'énergie	3,37	2,85	-2,94	0,00
A l'ULB il y a utilisation judicieuse d'énergie	1,82	2,09	1,54	0,12

Source : auteur.

Si nous comparons les deux groupes, la plus grande moyenne (3,37) et la plus petite (1,82) correspondant respectivement au gaspillage d'énergie à Bruxelles et à l'utilisation judicieuse d'énergie à l'ULB s'observent chez les étudiants de l'IGEAT.

L'analyse des données indique qu'en moyenne 3,37 étudiants de l'IGEAT acceptent plus que les autres qu'à Bruxelles il y a gaspillage d'énergie.

Il existe une différence significative entre ces deux moyennes (t =- 2,94 sig = 0,00). Cette différence serait peut être due au fait que les étudiants de l'IGEAT perçoivent plus les dérèglements que les autres ou bien parce qu'ils sont mieux informés que les autres.

En effet, la population et les logements augmentent à Bruxelles et les ménages font partie des secteurs énergivores donc, fatalement la consommation d'énergie doit y être élevée. Cela est d'autant plus vrai que Bruxelles est qualifié de «mauvais élève en matière d'énergie.» Cette assertion se vérifie bien par ce que nous voyons au quotidien par exemple, les lampadaires qui restent allumés dans les rues en journée, la pléthore des panneaux publicitaires et surtout l'importance du parc automobile. Il convient de souligner qu'il y a environ quatre cent mille véhicules qui circulent par jour à Bruxelles (Anonyme, 2008b).

D'après le tableau de bord de l'environnement, la consommation d'énergie y croît. L'IBGE rapporte que la consommation finale régionale s'établit en 2004 à 2187 Ktep (25 370 GWh), en hausse de 1% par rapport à l'année précédente et en hausse de près de 20% par rapport à 1990. Les principaux vecteurs énergétiques sont les produits pétroliers liquides (37%), le gaz naturel (38%), et l'électricité (21%). Selon le même rapport, les principaux consommateurs d'énergie sont le secteur du logement (41%) suivi du tertiaire (31%).

Les représentations des étudiants sont comparables à celles de l'IBGE d'où la nécessité d'agir pour promouvoir de nouveaux comportements vis à vis de l'environnement.

4.4.4. Importance relative des problèmes environnementaux pour les étudiants

Pour pouvoir la déterminer, nous avons demandé aux étudiants de dire s'ils sont d'accord ou pas pour les assertions listées dans le tableau 15 ci-dessous, lequel contient en outre les résultats obtenus.

Tableau 15 : Les grands problèmes de société de l'heure

Variables	Moy. IGEAT	Moy. Autres	Moy. tot	T value	Sig
Risque d'extinction des espèces	3,49	2,77	3,13	-3,88	0,00
Pollution	3,61	3,59	3,60	-0,09	0,92
Changement climatique	3,67	3,42	3,54	-1,37	0,17
Population vieillissante	2,51	2,70	2,60	0,97	0,33
Crise de logement	2,87	2,75	2,81	-0,65	0,51
Dégradation de l'espace naturel	3,56	3,13	3,34	-2,76	0,00
Suicide	2,04	1,82	1,93	-1,22	0,22
Violence	2,42	2,33	2,37	-0,51	0,61
Chômage	2,87	2,78	2,82	-0,52	0,59
urbanisation	3,12	2,88	3,00	-1,35	0,17

Source : auteur.

71

Les résultats des deux groupes d'étudiants sont comparables dans la mesure où tous mettent en avant-garde les problèmes écologiques et relèguent au second plan tous les problèmes sociaux.

En effet, le changement climatique et la pollution sont au premier rang alors que le suicide se trouve au bas de l'échelle tout comme la violence, le chômage, le vieillissement de la population, et la crise de logement. Nous pouvons croire que tous les problèmes sociaux sont relégués au second rang et que ce qui compte pour eux c'est tout ce qui aurait un rapport direct avec l'environnement physique. Au regard de tout ceci, nous nous posons la question de savoir pourquoi les étudiants ne se préoccupent pas du chômage ? Cela serait-il dû au fait qu'ils étudient encore ou bien parce qu'ils en sont indifférents ?

Le fait de vivre chez leurs parents (ou d'être à leur charge) serait-il à l'origine de leur manque de préoccupation au sujet des logements ?

Malgré cette similitude des points de vue, on constate qu'il y a quelques différences.

On remarque que les moyennes des étudiants de l'IGEAT varient de 2,04 à 3,67. Beaucoup parmi ceux-ci (moy = 3,67) pensent que le changement climatique est en tête de file des grands problèmes de société de l'heure suivi de la pollution, de la dégradation de l'espace naturel, du risque d'extinction des espèces, et de l'urbanisation (consommation d'espace).

Leur choix résulterait du fait que le changement climatique semble être la préoccupation au niveau planétaire car tout le monde est concerné et tous les médias en parlent. A ce sujet, les étudiants ne sont pas de mauvais élèves car ils sont tout aussi informés que le reste de la population.

Pour les étudiants des autres facultés, les moyennes varient de 1,82 à 3,60. Ceux-ci pensent que la pollution est le principal problème de société de l'heure (moy = 3,60) suivie du changement climatique, de la dégradation de l'espace naturel puis, du risque d'extinction des espèces et de l'urbanisation.

En outre, nous observons de différences significatives entre les opinions des étudiants pour le risque d'extinction des espèces (t = -3,88 ; sig = 0,00) et la dégradation de l'espace naturel (t = -2,76 ; sig = 0,00). Les moyennes des étudiants de l'IGEAT dépassent celle des étudiants des autres facultés (cf tableau 15). Cela traduirait concrètement le fait que ces deux problèmes ne semblent pas attirer l'attention du public. En effet, la dégradation de l'espace naturel et le risque d'extinction sont liés et sont des problèmes qui préoccupent en premier lieu les environnementalistes.

4.5. Les comportement et attitude en matière de gaspillage d'énergie

4.5.1. Comportement vis-à-vis du gaspillage d'énergie

Nous cherchions à déterminer les comportements et attitudes pro environnementaux des étudiants. Nous aimerions savoir laquelle de ces assertions était proche de celle des étudiants.

Les résultats obtenus sont repris dans le tableau 16 ci-dessous.

Tableau 16 : Des comportements face au gaspillage d'énergie

Variables	IGEAT	Autres	Moy. Tot.	T value	Sig
Je fais des efforts pour consommer moins d'énergie	3,49	2,81	3,15	-4,15	0,00
Je me déplace très souvent par des moyens peu ou non polluants	3,24	2,98	3,11	-1,31	0,19
Je réduis ma consommation d'énergie (électricité…)	3,40	2,83	3,11	-3,34	0,00
Je consomme plus de produits bio (légumes de saison…)	2,74	2,17	2,45	-2,74	0,00
J'opte parfois pour une énergie alternative	1,98	1,65	1,81	-1,48	0,14
J'utilise l'énergie en fonction de mes besoins sans me préoccuper de sa provenance	2,10	2,55	2,32	1,92	0,05
Je fais des efforts pour ne pas consommer l'énergie du tout	2,14	1,83	1,98	-1,50	0,13
Je ne m'intéresse pas à la consommation d'énergie	1,50	1,90	1,70	1,88	0,06

Source : auteur

De manière générale, les moyennes varient de 1,70 à 3,15. Tous les étudiants font des efforts pour consommer moins d'énergie, de même que pour se déplacer par des moyens peu polluants.

Nous avons observé des différences significatives aux propositions 1, 3, 4, 6 et 8. En effet, il nous semble que les étudiants de l'IGEAT font plus d'efforts (t = -4,15, sig=0,00) pour consommer moins d'énergie que les autres. Ils réduisent dès lors leur consommation d'énergie (t = -3,34, sig = 0,00) et consomment plus de produits biologiques (t = -2,47, sig = 0,00).

Les étudiants de l'IGEAT adoptent plus des comportements d'économie d'énergie parce qu'ils se préoccupent beaucoup plus de l'environnement. En effet, les enseignements dispensés à l'IGEAT révèlent de nombreuses conséquences néfastes de l'utilisation inadéquate de certaines ressources naturelles à l'instar de l'énergie, l'eau, ou les produits biologiques.

Vu l'intérêt que la population a pour ces derniers, et compte tenu du degré de pollution des sols, il paraît nécessaire de sortir un peu du cadre de notre recherche et faire une petite analyse sur eux (produits biologiques).

En fait, le bio belge ou européen est–il vraiment sain ? Globalement, le monde scientifique s'accorde à dire que manger bio est plus sain pour la santé. Cet atout supplémentaire est surtout dû aux engrais organiques naturels utilisés à la place des engrais chimiques. Malheureusement, les produits ne semblent pas tous relever de la qualité supérieure annoncée, car dans un environnement pollué comme le nôtre, l'intégrité d'un tel produit peut être remise en cause. Mais, la qualité essentielle d'un produit bio reste son goût, car ces aliments ont pris le temps de pousser à leur rythme et se révèlent vraiment délicieux.

Quant à l'utilisation de l'énergie, les étudiants hors IGEAT utilisent plus de l'énergie en fonction de leur besoin sans se préoccuper de leur provenance (t = 1,92, sig = 0,05) et ne s'intéressent pas à la consommation d'énergie (t = 1,88, sig = 0,06)

Ceci peut supposer que, quelle que soit la source d'énergie utilisée, les étudiants des autres facultés ne font pas de gaspillage d'énergie mais un usage adéquat, et c'est là même le comportement idéal de celui qui veut optimiser sa consommation d'énergie. Ce comportement malheureusement devrait être observé chez les étudiants de l'IGEAT.

Cela pourrait aussi signifier que ces étudiants se soucient juste de la satisfaction de leur besoin énergétique sans tenir compte de la quantité d'énergie utilisée. Dans ce dernier cas, les étudiants de l'IGEAT prennent le dessus et restent maîtres de la nature.

Quand nous passons en revue notre mode de vie actuel, quels que soient les efforts fournis, ne pas consommer d'énergie du tout nous paraît utopique car l'énergie est à la base de toutes nos activités.

Des réserves sont à émettre quant à cette opinion car pour être prise en compte, elle devrait être accompagnée de vérifications pratiques.

4.5.2. Les attitudes par rapport à un gaspillage d'énergie

Pour déterminer l'attitude des étudiants par rapport au gaspillage d'énergie, nous leur avons proposé trois états. Les résultats sont consignés dans le tableau 17 ci-dessous.

Tableau 17 : Attitudes des étudiants

Variables	IGEAT	Autres	Moy. Gén.	T value	Sig
Attristé	3,19	2,80	2,99	-1,79	0,07
Indifférent	1,21	1,67	1,44	2,52	0,01
Choqué	3,25	2,45	2,85	-3,90	0,00

Source : auteur

Il ressort de ce tableau que les étudiants sont en général attristés et choqués à la fois (moy. = 2,99 et 2,85).

Nous avons observé des différences significatives entre les attitudes des étudiants de l'IGEAT et leurs homologues des autres facultés pour toutes les propositions.

76

Les étudiants des autres facultés sont plus indifférents (t = 2,52, sig = 0,01), moins attristés (t = -1,79, sig = 0,07) et moins choqués (t = -3,90, sig = 0,00), quant au gaspillage d'énergie que ceux de l'IGEAT.

Toutefois, ce qui attire le plus notre attention c'est que peu d'étudiants (moy = 1,21 et 1,67) se sentent indifférents respectivement dans le groupe de l'IGEAT et des autres étudiants.

Il existe des différences significatives entre les résultats des deux groupes mais, les tendances restent pareilles car peu d'étudiants sont indifférents.

Si les étudiants de l'IGEAT sont plus attristés et plus choqués, cela serait-il dû aux enseignements reçus ? Sont-ils plus sensibilisés ou plus préoccupés par la nature que les autres ?

La comparaison des pourcentages dans les deux groupes est reprise dans les figures 9 et 10.

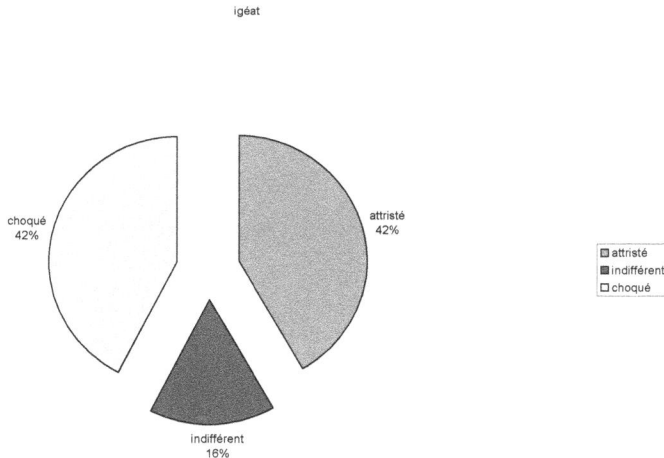

igéat

choqué 42%

attristé 42%

indifférent 16%

attristé
indifférent
choqué

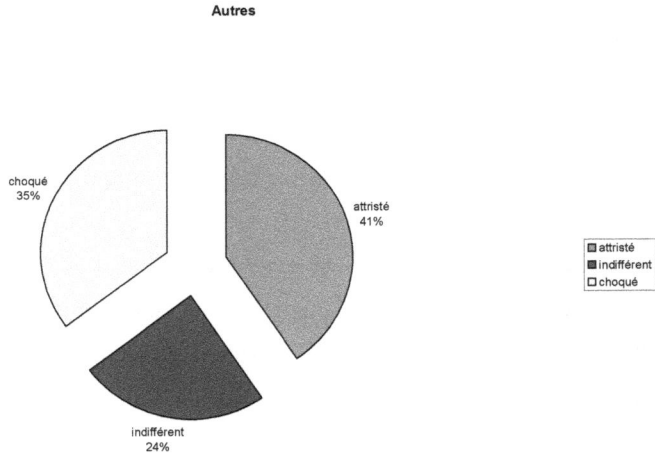

choqué
35%

attristé
41%

attristé
indifférent
choqué

indifférent
24%

Fig. 9 et 10: répartition des pourcentages des répondants dans les deux groupes

Est-ce la nouvelle donne de l'état de l'environnement reçue par les étudiants de l'IGEAT qui a induit l'attitude observée plus haut ? Nous sommes tentés de répondre par l'affirmatif car, un contexte favorable peut induire un comportement recherché.

Par ailleurs, les attitudes indifférentes n'existeraient pas selon le modèle raisonné de Ajzen et Madden (1986), car elles n'aboutissent pas sur une intention particulière à l'égard d'un comportement précis. Ceux qui se disent indifférents ne devraient pas normalement adopter ce type d'attitude.

Au vu de tout ce qui précède nous voulions savoir si les étudiants sont prêts à faire quelque chose pour sauver notre planète, autrement dit, nous voulions évaluer les actions des étudiants par rapport à leur attitude vis-à-vis du gaspillage d'énergie.

4.5.3. Actions en faveur de la limitation de la consommation d'énergie

Nous avions posé la question de savoir qui peut ou, sait intervenir en matière de la limitation de la consommation d'énergie. Les différents choix sont répertoriés dans le tableau 18 ci-dessous.

Tableau 18: Comparaison des actions des étudiants en faveur de la limitation de la consommation d'énergie.

indicateurs	IGEAT	Autres	Moy. Tot.	T value	Sig
je sais agir	3,29	2,66	2,97	-3,19	0,00
Je veux agir	3,51	2,96	3,23	-3,03	0,00
je peux agir	3,18	3,13	3,15	-0,26	0,79
je suis indifférent	1,23	1,63	1,43	2,07	0,04

Source : auteur

De manière générale, les étudiants peuvent agir pour la limitation de la consommation d'énergie. Les moyennes des étudiants de l'IGEAT sont plus élevées que celles des autres étudiants pour trois propositions : savoir agir (moy = 3,29), vouloir agir (moy = 3,51) et pouvoir agir (moy = 3,18), tandis que les étudiants des autres facultés adhèrent plus à l'indifférence (moy = 1,63). Cette attitude d'indifférence ne favoriserait pas la recherche des solutions aux problèmes actuels car ne se sentant pas concernés, ils n'ont aucune motivation à contribuer aux actions.

Nous avons observé des différences significatives entre les aspirations des étudiants pour trois propositions :

Les étudiants de l'IGEAT savent plus agir (t = -3,19, sig = 0,00) et veulent plus agir (t = -3,03, sig = 0,00). Par contre, les autres sont plus indifférents (t = 2,07, sig = 0,04) mais, les deux groupes se montrent pareils quant au pouvoir d'action.

Comme précédemment, la répartition des pourcentages est reprise dans les figures 11 et 12 ci-dessous et pourrait mieux nous édifier.

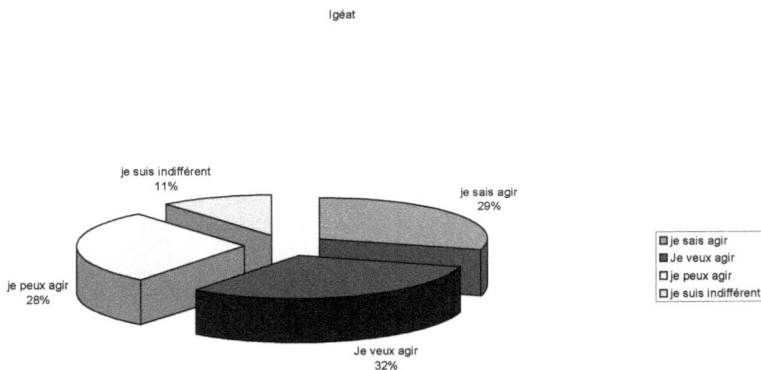

Igéat

je suis indifférent
11%

je sais agir
29%

je peux agir
28%

Je veux agir
32%

☐ je sais agir
■ Je veux agir
☐ je peux agir
☐ je suis indifférent

Autres

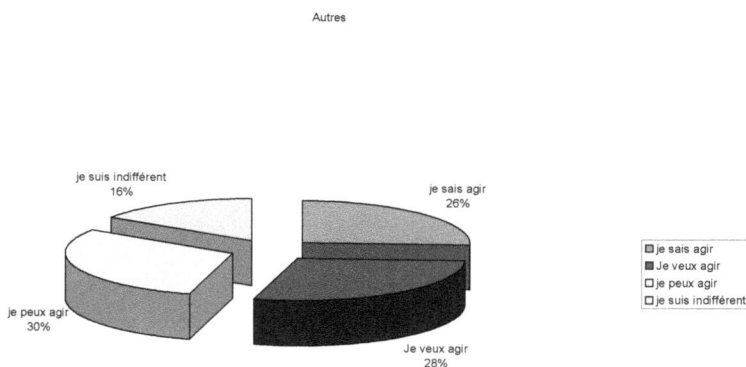

je suis indifférent
16%

je sais agir
26%

je peux agir
30%

Je veux agir
28%

je sais agir
Je veux agir
je peux agir
je suis indifférent

Fig. 11 et 12: Actions des étudiants

Il en ressort que les étudiants des autres facultés se disent plus indifférents (16% contre 11% seulement) mais, peuvent aussi agir comme leurs collègues si jamais on les éduquait dans ce sens. Ainsi donc, tous les deux groupes peuvent intenter une quelconque action en faveur de cette problématique (28 et 30%) mais, les étudiants de l'IGEAT (29% contre 26%) savent plus ce qu'il faut faire et désirent plus le faire (32% contre 28%). Savoir et vouloir agir pour la cause environnementale sont des comportements pro environnementaux. Ces comportements découleraient du fait que, non seulement ils sont imprégnés des problèmes environnementaux mais, ils ont aussi des acquis qui leur permettraient de trouver des solutions durables. Nous pouvons donc dire qu'ils ont un intérêt pour eux, pour les autres et pour la biosphère.

81

4.6. Les conséquences d'une consommation excessive d'énergie

4.6.1. Consommation des énergies non renouvelables

La question qui a été posée permet de savoir ce que les étudiants pensent de la consommation directe des énergies non renouvelables. Les différentes propositions sont résumées dans le tableau 19 suivant et les résultats de cette question y sont repris.

Tableau 19 : consommation directe d'énergie non renouvelable

Indicateurs	IGEAT	Autres	Moy. tot	T value	Sig
épuise les ressources naturelles	3,62	3,23	3,42	-2,08	0,04
améliore l'économie des pays	2,34	2,41	2,37	0,35	0,72
déstabilise l'économie des pays	2,59	2,58	2,58	-0,04	0,96
entraîne des émissions de gaz à effet de serre	3,60	2,94	3,27	-3,55	0,00

Source : auteur

Tous les étudiants pensent que la consommation directe d'énergie non renouvelable épuise les ressources naturelles et entraîne les émissions de GES.

Cependant, des différences significatives ont été révélées entre deux propositions sur quatre.

Les étudiants de l'IGEAT pensent plus que les autres que la consommation directe des énergies non renouvelables épuise les ressources naturelles (t = -208, sig = 0,04) et entraîne
des émissions de GES (t= -3,55, sig = 0,00).

Par contre, tous les deux groupes ont presque le même jugement quant aux conséquences de la consommation de l'énergie sur l'amélioration ou la déstabilisation de l'économie des pays.

Les étudiants de l'IGEAT semblent être plus informés que les autres en matière d'environnement. Ils pensent à juste titre que la consommation directe de l'énergie non renouvelable épuise les ressources naturelles et entraîne les émissions de gaz à effet de serre. L'IBGE (2006), l'AIE (2007), le WETO (2003) ou le GIEC (2007) pensent pareillement et c'est pourquoi ils persuadent la population de réduire leur consommation d'énergie afin d'émettre moins de CO_2 pour pouvoir préserver la nature.

Les deux groupes ont un niveau égal d'appréhension à propos de l'économie des pays, cependant, la question suivante relative aux biocarburants va les départager.

4.6.2. Consommation des biocarburants

La question relative à la croissance économique basée sur les biocarburants nous permet de déterminer si les étudiants ont une quelconque idée des méfaits des biocarburants sur l'air, l'emploi et l'alimentation.

Les résultats obtenus sont repris dans le tableau 20 :

Tableau 20 : Effets des biocarburants sur la croissance économique

Indicateurs	IGEAT	Autres	Moy. Tot	T value	Sig
augmente la pollution	2,08	2,14	2,11	0,24	0,80
n'est pas réaliste	2,52	2,21	2,36	-1,53	0,12
entraîne la diminution d'emplois	1,09	1,98	1,53	1,94	0,05
Entre en compétition avec l'alimentation des PVD	2,72	2,26	2,49	-2,86	0,00

Source : auteur

Les étudiants pensent dans l'ensemble que l'utilisation des biocarburants comme alternative à l'énergie fossile n'est pas réaliste et entre en compétition avec l'alimentation des pays en voie de développement

L'analyse statistique révèle des différences significatives entre deux propositions sur quatre :

Les étudiants des autres facultés estiment plus que ceux de l'IGEAT que l'utilisation des biocarburants entraîne la diminution d'emplois (t = 1,94, sig = 0,05).

Ceux de l'IGEAT pensent plus que les autres que l'utilisation des biocarburants entre en compétition avec l'alimentation des pays en voie de développement (t = -2,86, sig = 0,00).

Par contre, les deux groupes sont unanimes que l'utilisation des biocarburants est non seulement irréaliste mais aussi augmente la pollution.

La production des biocarburants à court terme pour des fins d'utilisation sera automatiquement faite à grande échelle. Cela suppose la mécanisation ou l'utilisation des machines dans le but d'augmenter la production d'où la diminution de nombre d'employés.

Ceux de l'IGEAT optent pour la compétition avec l'alimentation des pays en voie de développement. Ceci concorde bien avec les déclarations de (Brabeck, 2007) qui stipule que les biocarburants à base de maïs ont provoqué la grogne de la population au Mexique où le prix de leur aliment de base a continué de grimper pendant plusieurs années si bien qu'on se posait la question de savoir s'il faut désormais manger ou conduire ?

Ils ont des idées comparables quant à l'augmentation de la pollution issue du développement des biocarburants et l'idée selon laquelle cette croissance économique n'est pas réaliste.

Les biocarburants qui semblaient être une alternative pour les produits pétroliers sont de plus en plus remis en cause aujourd'hui au fur et à mesure que des études approfondissent les conditions de leur utilisation : concurrence avec les cultures à vocation alimentaire, déforestation pour acquisition de nouvelles terres... A titre d'exemple, 138 millions de tonnes de maïs cultivés en 2007 aux USA et transformés en biocarburants constituent un manque pour l'industrie alimentaire. En plus, la production d'un litre de bioéthanol à base du maïs nécessite plus de 4000 litres d'eau alors que l'eau se raréfie plus vite que le pétrole. Pour cela, Brabeck (2007), Directeur général Nestlé rapporte que si l'on veut couvrir 20 % du besoin croissant en produits pétroliers avec des biocarburants comme prévu, cela entraverait l'alimentation. Il décrie également l'octroi des subventions pour encourager toute production de biocarburant.
Selon le directeur général de l'Organisation des Nations Unies pour l'Alimentation et l'Agriculture (FAO), Diouf (2008), le nombre d'affamés a augmenté de 50 millions en 2007.

Et aussi, contrairement à ce qu'on pensait, le rejet des polluants des biocarburants n'apporte pas d'intérêt par rapport aux versions 100% d'origine pétrolière alors que dans le même temps, leur production pose de nombreux problèmes à l'instar :
du dioxyde de carbone qui est une source de problème respiratoire et un important facteur d'asthme,
du dioxyde d'azote qui est un gaz irritant qui altère la respiration et favorise la crise d'asthme, et
du monoxyde de carbone qui, même à faible dose, limite la capacité d'oxygénation des principaux organes et des muscles.

4.6.3. Effets de réduction de la consommation directe d'énergie

Les étudiants devraient se prononcer sur certains effets de la limitation de la consommation d'énergie de première nécessité. La limitation de la consommation directe d'énergie est évaluée à travers certaines assertions et les résultats sont consignés dans le tableau 21 suivant.

Tableau 21 : Comparaison des deux groupes pour les effets de la limitation directe de la consommation d'énergie.

	IGEAT	Autres	Moy. Tot.	T value	Sig
améliore l'économie des ménages	1,48	1,91	1,69	-3,47	0,00
diminue mon bien être	3,19	2,65	2,92	2,13	0,03
est une nécessité pour la survie de la planète	3,65	3,43	3,54	-1,36	0,17
diminue mon niveau de vie	1,93	2,18	2,05	2,19	0,03
dépend de nos convictions	2,70	2,56	2,63	-1,03	0,30

Source : auteur

Les étudiants ont des appréhensions comparables en ce qui concerne la survie de la planète et leurs propres convictions.

Si nous faisons un classement, l'IGEAT vient en première position pour trois propositions alors que leurs collègues des autres facultés viennent en tête pour les deux autres.

D'après le tableau, les analyses statistiques déclinent des différences significatives pour trois propositions.

Les étudiants des autres facultés pensent plus que ceux de l'IGEAT que la limitation de la consommation d'énergie améliore l'économie des ménages ($t = -3,47$, sig $= 0,00$) et diminue le niveau de vie ($t = -1,03$, sig $= 0,03$).

Ceux de l'IGEAT sont d'accord qu'une limitation de la consommation d'énergie diminue le bien être (moy. $= 3,19$, $t = 2,13$, sig $= 0,03$)

Par ailleurs, les étudiants des autres facultés sont tout à fait d'accord que l'économie d'énergie est favorable pour les ménages. Elle améliore leurs économies, réduit les pollutions liées à l'utilisation de l'énergie, et assainit le micro milieu dans lequel on vit. Ils sont beaucoup plus centrés sur l'approche économique. C'est ce que soutient l'institut pour un développement durable (IDD) par Defeyt (2006) quand il déclare « qu'il est toujours de mon intérêt d'économiser dans une certaine proportion l'énergie car, celui qui économise s'en sort avec une facture d'électricité réduite sans pour autant enfreindre son confort et son bien être ».

Par contre, leurs homologues de l'IGEAT sont tout à fait d'accord que l'économie d'énergie entrave le bien être, qu'elle est nécessaire pour la survie de la planète et dépend de nos convictions. Selon l'IDD, ceci concorde dans le cas où il existe des personnes qui ne veulent pas coopérer c'est-à-dire ne veulent pas se sacrifier pour la cause environnementale. En effet, nous sommes tellement habitués à l'utilisation d'énergie que nous ne savons plus nous en passer alors que des efforts doivent être faits pour ajuster nos consommations.

4.7. Motivation à modifier le comportement afin d'adopter un comportement plus pro environnemental

4.7.1. Motivations à agir

Nous cherchions à connaître les mobiles qui pousseraient les étudiants à agir en faveur de la limitation de l'énergie.

Les résultats sont repris dans le tableau 22 suivant.

Tableau 22 : motivation à modifier le comportement

Indicateurs	IGEAT	AUTRES	Moy. Tot.	T value	Sig
intérêt vis-à-vis des ressources	3,22	2,86	3,04	-1,74	0,08
raisons économiques	3	2,5	2,75	-2,48	0,01
raisons sociales	3,14	2,79	2,96	-1,68	0,09
préservation des ressources	3,78	3,47	3,62	-2,29	0,02
raisons écologiques	3,46	3,46	3,46	-0,14	0,88
limiter l'épuisement rapide des ressources	3,23	3,02	3,12	-0,98	0,32

Les moyennes des étudiants de l'IGEAT dépassent celles de leurs collègues des autres facultés sauf pour la proposition «raisons écologiques» pour laquelle les deux groupes ont eu la même moyenne (3,46). Tous les étudiants sans distinction militent-ils surtout pour des raisons écologiques?

Les étudiants de l'IGEAT viennent en tête pour cinq des six propositions. Ils éprouvent plus d'intérêt vis-à-vis des ressources (t = -1,74, sig = 0,08), optent plus pour des raisons économiques (t = -2,48, sig = 0,01) ; pour des raisons sociales (t = -1,68, sig = 0,09) et pour la préservation des ressources (t = -2,29, sig = 0,02).

Nous avons observé des différences significatives entre les deux groupes pour quatre propositions, la première place revenant largement aux étudiants de l'IGEAT.

Dans ce cas, pourrions-nous affirmer que les étudiants de l'IGEAT sont plus sensibilisés à la question environnementale que les autres ?

Nous poussons notre analyse plus loin en procédant aux décomptes pour avoir les pourcentages Les raisons qui motivent le plus les étudiants, sont répertoriées dans les figures 13 et 14 suivants.

IGEAT

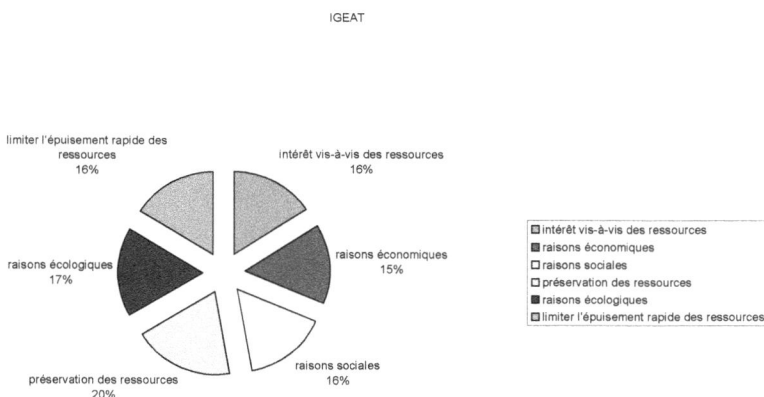

limiter l'épuisement rapide des ressources 16%

intérêt vis-à-vis des ressources 16%

raisons économiques 15%

raisons sociales 16%

préservation des ressources 20%

raisons écologiques 17%

- intérêt vis-à-vis des ressources
- raisons économiques
- raisons sociales
- préservation des ressources
- raisons écologiques
- limiter l'épuisement rapide des ressources

89

limiter l'épuisement rapide des ressources
17%

intérêt vis-à-vis des ressources
16%

raisons économiques
14%

raisons écologiques
19%

raisons sociales
15%

préservation des ressources
19%

- intérêt vis-à-vis des ressources
- raisons économiques
- raisons sociales
- préservation des ressources
- raisons écologiques
- limiter l'épuisement rapide des ressources

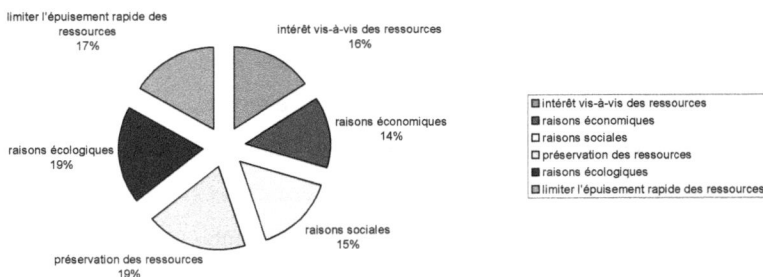

Fig.13 et 14 : Les raisons de motivation des étudiants

Les étudiants de l'IGEAT optent d'abord pour la préservation des ressources (20%) puis pour des raisons écologiques (17%) , ensuite vient le triplet (intérêt vis-à-vis des ressources, les raisons sociales, limiter l'épuisement rapide des ressources (16%)) et enfin pour les raisons économiques (15 %).

Ceux des autres facultés optent respectivement pour la paire composée de la préservation des ressources et les raisons écologiques (19%) puis, la limitation de l'épuisement rapide des ressources (17%), l'intérêt vis-à-vis des ressources (16%), les raisons sociales (15%) et enfin les raisons économiques (14%).

Nous nous attendions à une majorité écrasante de l'IGEAT pour la préservation des ressources et l'écologie mais, nous avons remarqué que tous ont un intérêt pour la préservation des ressources et l'écologie dans la mesure où cela fait partie de leurs choix prioritaires. Comment pouvons-nous expliquer ces résultats ? Serait-ce parce que les médias en parlent tous les jours ? Serait-ce par conviction personnelle ?

Ce qui à notre avis permet de dire que notre hypothèse relative aux raisons écologiques comme motivation de la réduction de la consommation d'énergie est vérifiée. Dès lors, les propositions- l'intérêt pour les ressources, la préservation des ressources, la limitation de l'épuisement des ressources- sont parties intégrantes de l'écologie et ne peuvent être dissociés des raisons écologiques.

4.7.2. Type d'énergie appropriée

La question est relative au choix du type d'énergie. Comme précédemment, les résultats de l'enquête sont repris dans le tableau 23 ci-dessous.

Tableau 23 : Choix du type d'énergie

Indicateurs	IGEAT	Autres	Moy. Tot.	T value	Sig
Energies non renouvelables (pétrole, gaz…)	1,48	1,91	1,69	1,94	0,05
Energies renouvelables sauf les biocarburants	3,19	2,65	2,92	-2,63	0,01
Energies alternatives (biomasse, hydraulique…)	3,65	3,43	3,54	-1,40	0,16
Energie nucléaire	1,93	2,18	2,05	1,25	0,21
Energie mixte (association essence bioéthanol)	2,70	2,56	2,63	-0,73	0,46

Source : auteur

Les étudiants donnent la priorité aux énergies alternatives puis aux énergies renouvelables sauf les biocarburants.

Nous avons observé deux différences significatives des cinq propositions. En effet, plus d'étudiants de l'IGEAT optent pour les énergies renouvelables sauf les biocarburants (t = -2,63 sig = 0,01) tandis que les autres militent en faveur des énergies non renouvelables (t = 1,94, sig = 0,05).

Nous nous attendions à un pourcentage très faible de la part des étudiants de l'IGEAT mais, leur moyenne (1,48) est à notre avis élevée si l'on s'en tient à la préservation de la nature.

Si on prend en compte l'évolution des ressources énergétiques, nous donnerons raison aux étudiants ayant choisi les énergies non renouvelables car, les prévisions de l'AIE et de l'IBGE montrent que les énergies fossiles (80%) sont et resteront les principales sources d'énergie primaire à utiliser pendant des décennies.

Si, par contre, on table sur le plan écologique, les étudiants de l'IGEAT sont bien partis en choisissant les énergies renouvelables sauf les biocarburants. Les biocarburants semblent avoir plus de conséquences négatives sur l'environnement que ce qu'on croyait.

La lutte que le monde entier mène de nos jours est la lutte pour la préservation des ressources naturelles qui ne cessent de s'épuiser.

En tenant compte de la moyenne générale des étudiants, la priorité est accordée aux énergies alternatives (3,54) puis, aux énergies renouvelables sauf les biocarburants (2,92), aux énergies mixtes (2,63), à l'énergie nucléaire (2,05) et enfin aux énergies non renouvelables (1,69).

Selon ce classement général des moyennes, nous constatons que les énergies non renouvelables se trouvent au bas de l'échelle (figure 15), ce qui suppose que dans l'ensemble, elles occupent un choix de dernière place. L'attention des étudiants semble se focaliser plutôt sur les autres types d'énergie, ce qui est encourageant.

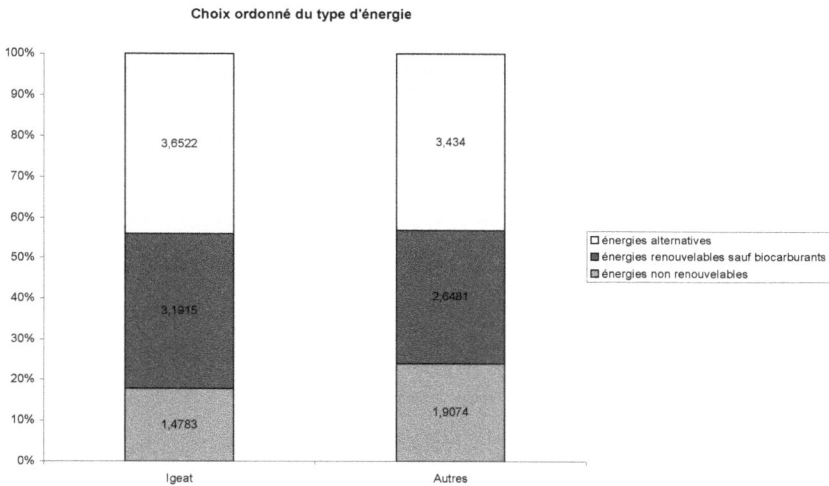

Fig. 15 : Choix ordonné du type d'énergie

Compte tenu de ce qui précède ou de ce qui se passe actuellement, nous vérifiions si les étudiants ont pris conscience et peuvent faire des propositions intéressantes.

Nous remarquons (hormis la signification de différence) que les deux groupes d'étudiants ont fait des choix semblables, en donnant la priorité ou en choisissant massivement les énergies alternatives (3,65 ; 3,43 / 43 et 42%) suivies des énergies renouvelables sauf les biocarburants (3,19 ; 2,64 / 39 et 33%) et des énergies non renouvelables (1,47 ; 1,90 / 18 et 25%).

En effet, les énergies alternatives et les énergies non renouvelables, selon nous, ont un sens très large ici. A notre avis, ce qui permettrait de départager les deux groupes, c'est l'assertion des énergies renouvelables sauf les biocarburants car elle contient une restriction que seules les personnes averties peuvent déterminer à sa juste valeur.

Les énergies alternatives sont celles qui sont utilisées en cas de détresse ou pour secourir. Ceci sous entend que les énergies renouvelables peuvent être utilisées comme alternatives aux énergies fossiles et vice versa. Ainsi, toutes les énergies sans distinction peuvent être des énergies alternatives.

Nous avons observé de différences significatives entre les choix des deux groupes. Les étudiants des autres facultés ont porté leur choix sur les énergies non renouvelables alors que ceux de l'IGEAT ont opté pour les énergies renouvelables sauf les biocarburants. Ceci est un exemple type de divergence d'idées car pendant qu'on redoute l'utilisation des énergies non renouvelables, les étudiants non issus de l'IGEAT restent indifférents. A quoi donc peut être due cette différence ? Au manque d'informations à propos du sujet ? A leur croyance ?

Les énergies non renouvelables sont censées causer beaucoup de dommages à l'environnement en plus de la menace de rareté d'ici quelques décennies.

Par ailleurs, il a été démontré que les biocarburants comme alternative d'énergie contribuent à augmenter les gaz à effet de serre notamment lors de la mise en culture et de la transformation. C'est ce que soutient (Brabeck, 2007) quand il déclare que la vogue des biocarburants n'est pas une solution réelle à la baisse supposée des réserves de pétrole.

Les étudiants de l'IGEAT sont avertis et c'est ce que traduit leur choix massif. Les figures ci- dessus édifient clairement ces choix des étudiants.

4.7.3. Temps et méthodes d'action

La question a trait au temps et méthodes d'action. Il s'agit de l'action dans le temps ou de l'action individuelle ou collective: autrement dit quand et comment faut-il agir pour adapter nos comportements aux exigences du développement durable ou de la décroissance soutenue ? La question est celle-ci : laquelle de ces assertions est proche de votre vision :

Les résultats sont repris dans le tableau 24, la représentation et le classement dans les figures 16 et 17 ci-dessous.

Tableau 24 : Temps et méthodes d'action

Indicateurs	IGEAT	AUTRES	Moy. Tot.	T value	Sig
je suis conscient (e) qu'il faut agir	3,66	3,49	3,57	-0,93	0,35
je suis conscient (e) qu'il faut agir maintenant	3,68	3,40	3,54	-1,60	0,11
je suis conscient (e) qu'il faut agir collectivement	3,71	3,53	3,62	-1,12	0,26
je suis conscient (e) qu'il faut agir individuellement	3,31	3,31	3,31	0,00	0,99

Source : auteur

D'après les analyses statistiques, aucune différence significative n'a été observée pour les quatre propositions cependant, les étudiants de l'IGEAT sont au premier rang.

Nous allons de ce fait focaliser notre analyse sur les moyennes générales. Alors, les étudiants sont unanimes d'une nécessité d'action maintenant en vue de freiner les abus de l'heure (3,57 ; 3,54), Chacun doit agir individuellement à son niveau (3,31), pour qu'on puisse avoir une action collective qui soit significative (3,62).

Méthodes et temps d'action

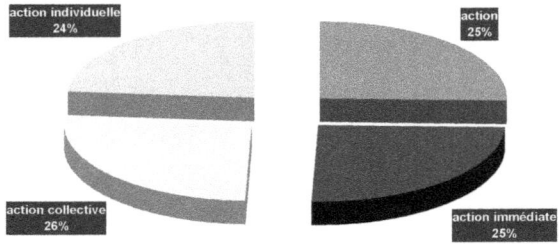

Fig. 16 Méthodes et temps d'action

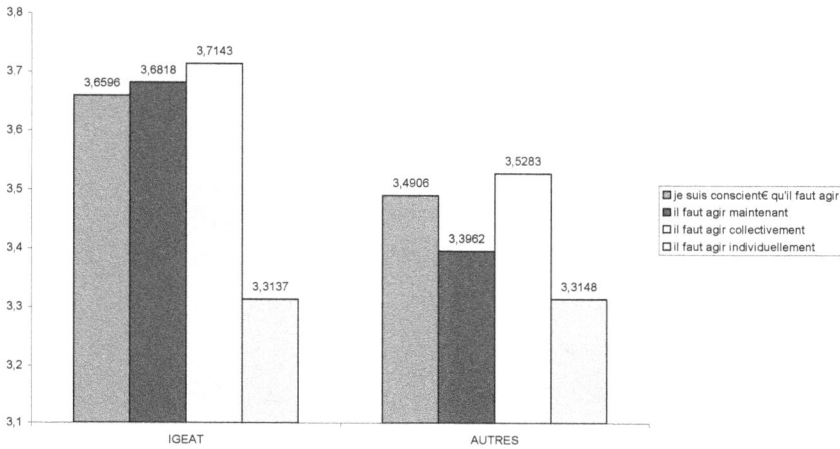

Fig. 17 : Classement des choix des étudiants

Les étudiants de l'IGEAT ont la ferme conviction qu'il faut agir, tout de suite et collectivement pour que nos actions aient des effets significatifs. Chacun à son niveau doit faire quelque chose, les pouvoirs publics eux aussi. Ceci semble être le comportement type des pro environnementalistes. Il semble que les actions menées individuellement ne serviraient à rien si elles ne sont pas collectives et groupées.

Par contre, aucune différence significative n'est observée entre les résultats des étudiants de l'IGEAT et leurs homologues des autres facultés. Cela signifie qu'ils ont un même point de vue, ils sont tout à fait d'accord en ce qui concerne les actions imminentes, les actions individuelles et collectives.

Que ce soit les étudiants de l'IGEAT ou bien ceux des autres facultés, il n'y a pas de préférence en matière d'action. Ils pensent différemment mais, agissent de la même manière. Ceci nous permet de relever la difficulté qui existe entre le dire et le faire.

CONCLUSION ET RECOMMANDATIONS

Avant de finir ce travail, il convient de rappeler les grandes lignes que nous avons développées. Notre objectif était d'apprécier l'attitude et le comportement de deux groupes d'étudiants de l'ULB (ceux de l'IGEAT et ceux des autres facultés) vis-à-vis de la consommation de l'énergie.

Pour y arriver nous avons conçu une série de questions posées sous forme d'enquêtes en quatre chapitres : le premier porte sur l'attitude et le comportement pro environnementaux. Il se concentre plus sur l'attitude et le comportement par rapport à la question d'énergie pour les étudiants. Le second chapitre explique le rapport entre l'énergie et l'environnement. Toute la méthodologie de notre travail est expliquée en détail au chapitre trois. Les résultats de nos enquêtes et leur analyse constituent le chapitre quatre. Il porte sur la perception de la consommation énergétique au sein de deux groupes d'étudiants choisis. Suivant la taille de notre échantillon qui comporte une dimension d'un peu plus de 50 personnes, les critères choisis peuvent affecter la variabilité des comportements. Pour interpréter les résultats de notre étude, nous avions utilisé le logiciel SPSS. Au regard de tout ce qui précède, notre étude est strictement qualitative.

Il ressort de notre étude que, les deux groupes d'étudiants ont des choix comparables en ce qui concerne les secteurs énergivores c'est-à-dire les ménages, les transports et les industries hormis l'ordre d'importance. Leur choix est semblable à celui de l'IBGE. Pour eux, les grands problèmes de l'heure sont les mêmes (pollution, changement climatique et dégradation de l'espace.). Ils pensent, par ailleurs, que la consommation d'énergie épuise les ressources naturelles et entraîne les émissions de GES. La croissance économique basée sur les biocarburants n'est pas réaliste et est source d'insécurité alimentaire. A cet effet, ils préconisent le développement des énergies alternatives, des énergies renouvelables sauf les biocarburants et les énergies mixtes.

Par ailleurs, tous les étudiants pensent que les problèmes écologiques se posent avec acuité et que la consommation d'énergie, la production des déchets et la déforestation polluent l'environnement. Les étudiants pensent également qu'il y a gaspillage d'énergie à Bruxelles, ceci se justifie par la croissance démographique.
Les étudiants sont persuadés que la consommation effrénée d'énergie est à l'origine des nombreux dégâts causés à la nature et que les pouvoirs publics n'agissent pas suffisamment pour limiter ce gaspillage.

Les mobiles qui poussent les étudiants à agir en faveur de la limitation de la consommation d'énergie sont plus d'ordre écologique (préservation des ressources). Malgré le fait qu'économiser l'énergie diminue le bien être, c'est une nécessité pour la planète, telle est leur conviction.

Les étudiants se disent attristés et choqués à la fois pour le gaspillage d'énergie. Face à cette attitude, ils sont conscients qu'il faut agir collectivement et maintenant. Ils veulent et peuvent agir si l'opportunité leur est offerte. Ainsi, ils font des efforts pour consommer moins d'énergie, pour se déplacer par des moyens peu polluants (ce qu'on caractérise de malin), et pour consommer des produits biologiques.

Les étudiants de l'IGEAT pensent faire des efforts pour réduire leur consommation d'énergie. Pratiquement cela ne se vérifierait que s'ils sont mis à l'épreuve. Cela est d'autant vrai que les progrès réalisés dans le cadre de la limitation de la consommation d'énergie et, tous les tapages médiatiques faits autour n'ont pas jusqu'ici modifié de manière radicale sa consommation.

S'il s'avère que les étudiants de l'IGEAT sont plus sensibilisés que les autres, et qu'ils savent mieux comment procéder pour limiter la consommation d'énergie et atténuer par le fait même les émissions de GES, nous n'avons pas observé d'écart sensible entre les deux groupes. Qu'ils soient profanes ou non, les étudiants ont presque les mêmes croyances en matière d'environnement. Nous pourrons à cet effet affirmer qu'ils sont sensibilisés de la même manière.

Notre souhait est de voir introduire les notions d'environnement dans les programmes scolaires pour mieux les vulgariser à tous les niveaux.

Par ailleurs, on constate que les étudiants se préoccupent des effets négatifs liés à l'utilisation de l'énergie. Toutefois, une meilleure compréhension des mécanismes comportementaux impliqués permet de mieux définir le pourquoi de cette attitude et de souligner l'impact délétère qu'une consommation effrénée d'énergie peut avoir sur le climat à long terme.

Ceci étant, un changement des comportements actuels pourra renverser la situation dans la mesure où il dénonce d'une part l'utilisation croissante de l'énergie mais aussi un usage irresponsable à l'image du recours excessif au chauffage dans les logements augmentant ainsi de manière significative la consommation globale de l'énergie.

A notre avis, les postes énergétivores ont été déterminés (les ménages, les industries et les transports), il nous revient de proposer des solutions pour y remédier :
- Installer des régulateurs et des programmateurs
- Opter pour les ampoules fluo compactes
- Consommer les fruits et légumes de saison

- Marcher ou circuler à vélo pour les petits trajets.
- Partager son véhicule…

Il revient également aux décideurs des gouvernements de responsabiliser les citoyens en instaurant des mesures incitatives susceptibles de convaincre les mauvais citoyens.

Nous ne terminerons pas sans mentionner les limites de notre investigation. En effet, notre étude aurait été plus complète si elle avait été menée au début et à la fin de l'année. Cela aurait permis de mieux discerner ce que les étudiants ont appris durant l'année académique. Cela aurait permis de mieux appréhender l'impact des études en environnement sur le comportement des étudiants et par là sur l'environnement lui-même et aussi d'évaluer l'apport des enseignements sur l'environnement.

Notre souhait serait aussi de compléter notre étude par des observations concrètes en matière de consommation d'énergie aux travers des relevés des compteurs d'électricité et de gaz des ménages et déterminer quel poste est plus énergivore. Une étude que nous confions pour le futur à d'autres étudiants de l'IGEAT.

BIBLIOGRAPHIE

AIE., (1999). *IN* Les énergies renouvelables, c'est essentiellement de l'éolien ? de Jean Marc

jancovici, 2003. in www.manicore.com (22 juin).

Ajzen, I., & Madden, T. J., (1986). Prediction of goal-directed behavior: Attitudes, intentions, and perceived behavioral control. *Journal of Experimental Social Psychology, 22, pp* 453-474.

Anonyme., (2008a). Les perspectives énergétiques mondiales. Site : http://www.elysee.fr/elysee/elysee.fr/francais_archives/actualites/deplacements_a_l_e tranger/2006/juillet/fiches/g8_saint-petersbourg/les_perspectives_energetiques_mondiales.55289.html (17-06-08).

Anonyme., (2008b). Journal de douze minutes; la UNE (27 juillet).

Aymeri de Montesquiou., (2006). Rapport d'informations fait au nom de la délégation pour l'Union Européenne sur la politique européenne de l'énergie, n° 259, 72P.

Bernstein A. & Chivian E., (2008). *Sustaining life: How human health depends on biodiversity.* Oxford university press, 568 P.

Brabeck, P.; (2007). Ex Directeur Général Nestlé *In* http://www.leblogauto.com/2007/05/le-bio-ethanol-consomme-trop-deau-selon-nestle.html.

Bureau fédéral du Plan (BFP), (2008). Analyses et Prévisions économiques. Site internet : http://www.plan.be (15 janvier).

Conseil Mondial de l'Energie (CME)., (2007). Choisir notre futur : scénarios de politiques énergétiques pour 2050, résumé 24p.

Defeyt, P., (2006). Revenus et consommations en Belgique 1995-2005, Indicateur pour un développement durable N° 2006-1, de l'Institut pour un développement durable (IDD).

Degrez., (2007). Notes de cours «Industrie, Energie et Environnement ».

Diouf, Jacques., (2008). Crise alimentaire: 50 millions d'affamés de plus en 2007. Déclaration du directeur général de l'Organisation des Nations Unies pour l'Alimentation et l'Agriculture (FAO) in Alterpresse du 24 juillet.

Eagly,A., & Chaiken S., (1993). *The Psychology of Attitudes.* Fort Worth, TX: Harcourt Brace Jovanovich, 794 P.

EIA (Energy Information Administration), (2008)., International Energy Annual 2005 (juin-octobre 2007). Site Internet : http://www.eia.doe.gov/iea. Projections: EIA, world energy projections plus.

Energy Information Administration (EIA)., (2007). *Highlights section o international energy outlook 2007 report.* Site internet: http://www.eia.doe.gov/oiaf/eio/pdf/electricity.pdf

Eurostat., (2004). Eurostat year book 2004: *The statistical guide to Europe* (1992-2002); European commission. 72 P.

Eurostat.,(2006). L'éolien en Europe: Base de données sur les éoliens et parcs éoliens. Site internet: http://www.thewindpower.net

Fishbein, M., & Ajzen, I., (1975). Belief, attitude, intention, and behaviour: An introduction to theory and research. J. Wiley & sons New York NY.

Fishbein, M., Ajzen, I., (1991). The theory of planned behaviour. *Organisational behaviour and human decision processes*, 50, 179-211.

Foguenne, A., (2006). Séminaire sur l'énergie : Economies et bons réflexes. Site Internet : http://amisdelaterre.be (15 mars).

Groupe d'experts intergovernemental sur l'évolution du climat (GIEC) (2007). Changements climatiques 2001: Groupe de travail II: Incidences, adaptation et vulnérabilité. Ch. 15. Amérique du Nord. www.grida.no/climate/ipcc_tar/wg2/571.htm (10 février).

Hannequart J.P., (2007). Notes de Cours de Gestion des déchets.

Huytebroeck E., (2008)., Déclaration de Mme la Ministre du gouvernement de la Région de Bruxelles capitale chargée de l'environnement de l'énergie de l'aide aux personnes et du tourisme. Site internet : http://www.evelyne.huytebrock.be

IBGE., (2001). Les énergies renouvelables, le transport et les consommations spécifiques du secteur tertiaire bruxellois Doc. de synthèse 8p.

IBGE., (2006). Rapport sur l'état de l'environnement bruxellois : gestion durable des ressources - énergie doc. Pdf, 29 P.

IBGE., (2006). Recueil de Statistique, 20 P.

IBGE & Carton Vincent., (2007). Assises de l'Energie : Spécificités et stratégies bruxelloises ; IBGE, division Energie, Air et Climat.

ICEDD (Institut de Conseil et d'études en développement Durable), (2006) : Bilan énergétique de la région de Bruxelles – Capitale. Le bilan énergétique global de l'année 2004. Document de synthèse 2004. 14p.

Jancovici J. M., (2001). Actes des journées de l'énergie, palais de la découverte, 256P.

Jean-Louis Bal & Beatriz Yordi., (2006). 5ème baromètre bilan des énergies renouvelables par EurObserv'ER.

Kummer peiry., (2004). Définition de la pollution par l'OCDE 1974 Site internet: http://fr.wikipédia.org/wiki/pollution

Larrue Corinne., (2000). Analyser les politiques publiques de l'environnement, l'Harmattan 207p.

Maria Argiri et Fatih Birol, (1999)., L'énergie dans le monde d'ici à 2020 : perspectives et défis ; Agence International de l'Energie. L'Observateur, n° 215, janvier.

Martin Audrey., (2005). Enquête sur les perceptions, attitudes, comportements et attentes de la population estudiantine de l'ULB à l'égard de l'environnement. Travail de fin d'étude, IGEAT-ULB 73 P.

Moser, G. (2006). Psychologies sociales. Psychologie sociale, application de la psychologie sociale et psychologie sociale appliquée. *Les Cahiers Internationaux de Psychologie sociale*, 70, 89-95.

Ngô christian., (2007). Quelle énergie pour demain? Commissariat à l'énergie atomique : Direction de la stratégie et de l'évaluation.

Pohl, Sabine., (2007). Notes de cours de "Psychologie de l'environnement ».

Satoshi Fujii., (2007). "Environmental concern, attitude toward frugality, and ease of behaviour as determinants of pro environmental behaviour intentions". *Journal of environmental psychology,* 26 (2006) 262-268:

Silasi Grigore & Dogaru Alexandra., (2007). La sécurité de l'environnement et le développement durable; la culpabilité de la société de consommation. *In* Global Jean Monnet conference, the European Union and world sustainable development, Brussels, 5th-6th November.

Terre Sacrée., (2007). Déclaration de Jacques Chirac *In* Terre sacrée du 03 février. Discours.

Viklund Mattias., (2004).. Energy policy options—from the perspective of public attitudes and risk perception. Energy policy 32 1159-1171.

Wallenborn G., Rousseau C., Thollier K., (2006). Détermination de profil des ménages pour une utilisation plus rationnelle de l'énergie. Plan d'appui scientifique à une politique de développement durable (PADD, II), Politique Scientifique Fédérale. World energy, technology and climate policy outlook, (WETO)., (2003). European commission 2030.148P

World Wide Fund of nature (WWF)., (2007). Vers une réduction d'au moins 30% des émissions domestiques de GES pour 2020 In Euractiv : L'actualité des politiques européennes en France.

World wind energy association (WWEA)., (2007). *Wind Energy International 2007-2008. Site Internet:* http://www/wwindea.org/

Yves Marenne., (2006). L'utilisation des combustibles fossiles en région wallonne. Dossier scientifique réalisé dans le cadre du rapport analytique 2006-2007 sur l'état de l'environnement Wallon, ICEDD Namur.15P.

Yzerbyt, V. et Corneille O., (2006). Conférence «changement de comportements» ; Symbioses N° 70 Printemps.

http://www.notre-planete.info/actualites/actu_1687.php:site de référence en environnement, écologie et changements climatiques du 09 juin 2008.

ANNEXES

NB : les annexes sont à part.

Table des matières

www.ingramcontent.com/pod-product-compliance
Lightning Source LLC
Chambersburg PA
CBHW021603210326
41599CB00010B/583